AF240725

MANUEL D'ARITHMÉTIQUE

ANCIENNE ET DÉCIMALE,

A l'usage des Pensions et de la Jeunesse qui se destine au Commerce,

CONTENANT:

Des Tables de Comparaison des Poids et Mesures ;

Le Tableau de la Dépréciation du Papier-Monnoie ; de la Concordance des Calendriers Républicain et Grégorien, depuis 1793 jusques et compris l'an 22 ;

Des Modèles de Pétitions, Quittances, Baux, Mémoires, Factures, Lettres de Voiture, de Billets à Ordre, Lettres de Change, Lettres de Commerce, etc.

TROISIÈME ÉDITION.

A PARIS,

Chez ANCELLE, Libraire, rue de la Harpe, n.° 44.

———————

1809.

Et se trouve chez les Libraires ci-après.

ANCELLE, à Evreux.
ANCELLE, à Anvers.
DEMAT, à Bruxelles.
MERCIÉ, Passage de la Comédie, à Lyon.
FROUT, à Rennes.
LANDRIOT, } à Clermont.
ROUSSET,
VALLÉE frères, à Rouen.
PREVOST, à Melun.
MAME, à Tours.
DOYEN, à Reims.
BAUDIN aîné, à Nantes.
HUREZ, à Cambray.
PIC, } à Turin.
GIRAUD,
KLOSTERMANN, à Saint-Pétersbourg.
KORN, à Breslau.

MANUEL

D'ARITHMÉTIQUE

ANCIENNE ET DÉCIMALE.

MANUEL D'ARITHMÉTIQUE.

DE L'ARITHMÉTIQUE ANCIENNE EN GÉNÉRAL.

DÉFINITION DE L'ARITHMÉTIQUE.

L'ARITHMÉTIQUE est la science des nombres.

Un nombre exprime de combien d'unités une quantité est composée.

On appelle, en général, quantité, tout ce qui est susceptible d'être augmenté ou diminué ; tels sont les poids, le temps, les forces, etc.

L'unité est une quantité d'une grandeur arbitraire, que l'on prend pour servir de terme de comparaison à toutes celles qui sont de même espèce.

Ainsi, si l'on dit vingt-six pieds, le pied est ici l'unité ; vingt-six est le nombre qui exprime de combien d'unités la quantité vingt-six pieds est composée.

On distingue, en général, deux espèces de nombres, les nombres abstraits et les nombres concrets.

On appelle nombre abstrait, celui qui n'indique pas l'espèce d'unités dont la quantité est composée : quarante-trois, quatre-vingt-sept, etc., sont des nombres abstraits.

Le nombre concret est celui qui exprime la nature des unités dont on veut parler : vingt-trois pieds, quarante-six-hommes, etc., sont des nombres concrets.

On distingue encore les nombres en nombres entiers et en nombres fractionnaires, selon que la quantité dont ils expriment la grandeur, est composée d'unités entières, ou d'unités entières et de parties d'unités, ou seulement de parties d'unités : vingt-trois, quarante-sept, sont des nombres entiers : sept et demi, trois quarts, sont des nombres fractionnaires.

De la Numération.

Tous les hommes ont une idée distincte de l'unité ; la vue d'un objet quelconque suffit pour faire naître cette idée.

Celle de la pluralité n'est pas moins facile à acquérir ; il suffit de voir deux ou plusieurs objets qui se ressemblent.

Mais toute pluralité étant le résultat des unités particulières qui concourent à la former, on dut bientôt sentir la nécessité d'imaginer un moyen sûr de distinguer telle ou telle pluralité d'une autre.

Trois hommes, quatre hommes, par exemple , ne pouvoient pas être désignés de la même manière ; il paroissoit donc indispensable d'avoir recours à autant de signes différens qu'il pouvoit y avoir de nombres.

Cependant la moindre réflexion dut faire prévoir l'inconvénient qu'auroit entraîné cette multitude innombrable de signes ; on renonça donc à ce moyen, et par un procédé aussi simple qu'ingénieux , on vint à bout d'exprimer toute espèce de nombre par la simple combinaison de ces dix caractères que l'on appelle chiffres , et qui s'expriment par :

0   1   2   3   4   5

zéro, un, deux , trois , quatre , cinq,

6   7   8   9.

six , sept , huit , neuf.

(4)

Pour écrire tous les nombres depuis un jusqu'à neuf, il suffit d'écrire les caractères qui les représentent ; mais si l'on vouloit écrire douze, quinze, cent, mille, etc., il faudroit multiplier les caractères à l'infini ; ce qui seroit impraticable. Pour obvier à cet inconvénient, on est convenu que tout chiffre placé à la droite d'un autre, rendroit celui-ci dix fois plus fort ; que deux chiffres placés à la droite, le rendroient cent fois plus fort ; trois, mille fois, etc. Telle est la base du système de numération, au moyen de laquelle on peut écrire et exprimer tous les nombres. Ainsi, pour écrire dix ou une unité de dizaine, on écrira le chiffre 1, à la droite duquel on mettra un o, (10), qui, n'ayant point de valeur par lui même, ne sert qu'à exprimer que c'est une unité de dizaine que le chiffre 1 représente. Pour écrire vingt, trente, quarante, soixante, qui sont la même chose que deux dizaines, trois dizaines, quatre dizaines, six dizaines, on écrira les chiffres 2, 3, 4, 6, etc., à la droite desquels on mettra un zéro, comme on le voit ici, 20, 30, 40, 60, etc., pour exprimer que ce sont des dizaines qu'ils représentent.

La même chose aura lieu jusqu'à 90 ; mais si l'on veut écrire cent, qui est la même chose que dix dizaines, on écrira d'abord 10, comme nous venons de le faire ; et, pour exprimer que ce sont des dizaines, on mettra un zéro à sa droite, comme on le voit ici, 100 ; c'est ce qu'on appelle une unité de centaines. Deux cents, trois cents, mille, six mille, s'écrivent ainsi : 200, 300, 1000, 6000, etc. Telle est la manière dont on représente tous les nombres qui contiennent un nombre exact de dizaines, de centaines ou de mille ; mais si l'on vouloit écrire un nombre qui renfermât en outre des unités simples, telles que vingt-trois, par exemple, ce qui est la même chose que deux dizaines plus trois, il faudroit remplacer le zéro que nous avons mis ci-dessus à la droite du 2, lorsque nous avons écrit deux dizaines, par le chiffre 3, qui, en rendant par sa position 2 dix fois plus fort, compteroit en outre pour sa valeur propre. Ainsi, vingt-trois, trente-sept, quarante-deux, s'écriront par : 23, 37, 42. Si l'on avoit à écrire quatre cent vingt-sept, qui contient des centaines, des dizaines et des unités, je dirois : quatre cent vingt-sept est la même chose que quatre centaines, plus deux dizaines, plus sept unités, ou, ce qui est la même chose, quarante - deux dizaines, plus sept unités; j'écris donc 42, comme nous l'avons dit ci-dessus, à la droite duquel je place le chiffre 7, qui, en exprimant que ce sont quarante - deux dizaines, compte encore pour sa valeur. Ce que nous venons de dire suffit pour faire voir avec quelle facilité on peut écrire tous les nombres, par la simple combinaison des dix caractères dont nous avons parlé.

On représente comme il suit les plus grands ainsi que les plus petits nombres avec ces dix figures que l'on appelle chiffres.

Exemple.

Le nombre dix se représente par. . 10.
Le nombre onze, par . . . . 11.
Le nombre douze, par. . . . . . 12.
Le nombre treize, par. . . . . . 13.
Le nombre quatorze, par . . . . 14.
Ainsi de suite jusqu'à . . . . . . 19.
Le nombre vingt, par. . . . . . 20.
Le nombre vingt-un, par . . . . 21.
Le nombre vingt-deux, par . . . 22.
Le nombre vingt-trois, par. . . . 23.
Ainsi de suite jusqu'à . . . . . . 29.

Le nombre trente, par. . . . . . . 30.
Le nombre trente-un, par . . . . 31.
Ainsi de suite jusqu'à . . . . . . 40.
Le nombre quarante-un , par. . . 41.
Le nombre quarante-deux , par. . 42.
Ainsi de suite jusqu'à . . . . . . 50.

A chaque dizaine, le premier chiffre de gauche augmente d'une unité jusqu'à. . . . . 99.
Le nombre cent, par. . . . . . 100.
Le nombre cent un, par . . . . 101.
Ainsi de suite jusqu'à. . . . . 109.
Le nombre cent dix, par . . . 110.
Ainsi de suite jusqu'à. . . . . 119.
Le nombre cent vingt, par . . . 120.
Et ainsi de suite des autres.

On peut apercevoir la combinaison des chiffres dans le tableau suivant.

Exemple.

Unité . . . . 1.
Dix . . . . 10.
Cent. . . . . 100.
Mille . . . . . . 1000.
Dix mille . . . . 10000.
Cent mille . . . . 100000.
Million. . . . . . 1000000.
Dix millions . . . 10000000.

Progression décu-ple croissante.

Cela est fondé sur un principe de convention entre les calculateurs ; et voici le développement de ce principe.

Un chiffre quelconque, allant de droite à gauche, acquiert une valeur décuple, ou dix fois plus grande, de place en place.

Ainsi un chiffre allant de gauche à droite, devient de place en place dix fois plus petit, partant de la colonne des unités désignée par les zéros écrits les uns sous les autres et séparés par des virgules; d'après ce raisonnement, il est clair que 0,1 est un dixième, ainsi de suite.

Exemple.

1	Unité.
0,1	Dixième.
0,01 . : . ,	Centième.
0,001 . . , .	Millième.
0,0001 . . .	Dix millième.
0,00001 . . .	Cent millième.
0,000001 . ,	Millionième.
0,0000001 . .	Dix millionième.
0,00000001 ,	Cent millionième.

Progression décuple décroissante.

Ce tableau peut être regardé comme le complément du premier et placé à côté, afin d'en faire connoître la différence, comme on va le voir.

Rapport des deux progressions.

```
Unité........... 1 ......... Unité.
Dix............10,01........ Dixième.
Cent.........100,001...... Centième.
Mille.......1000,0001..... Millième.
Dix mille..10000,00001.... Dix millième.
Cent mille. 100000,000001... Cent milliè.ᵉ
Million.. 1000000,0000001.. Millionième.
Dix mill. 10000000,00000001. Dix million.ᵉ
```

Croissante. | Décroissante.

Des différentes espèces de chiffres.

Il y a deux espèces de chiffres ; savoir : les romains, les arabes ou financiers, comme on le verra dans les exemples suivans.

Exemple de chiffres romains.

```
I.              Un.
II.             Deux.
III.            Trois.
IV.             Quatre.
V.              Cinq.
VI.             Six.
VII.            Sept.
VIII.           Huit.
IX.             Neuf.
X.              Dix.
XI.             Onze.
XX.             Vingt.
```

XXX.	Trente.
XL.	Quarante.
L.	Cinquante.
LX.	Soixante.
LXX.	Soixante-dix.
LXXX.	Quatre-vingt.
XC.	Quatre-vingt-dix.
C.	Cent.
CC.	Deux cents.
CCC.	Trois cents.
CCCC.	Quatre cents.
D.	Cinq cents.
DC.	Six cents.
DCC.	Sept cents.
M.	Mille.
XM.	Dix mille.
XXM.	Vingt mille.
CM.	Cent mille.
DM.	Cinq cent mille.

Exemple de chiffres arabes ou financiers.

1.	Un.
2.	Deux.
3.	Trois.
4.	Quatre.
5.	Cinq.
6.	Six.
7.	Sept.

8.	Huit.
9.	Neuf.
10.	Dix.
20.	Vingt.
30.	Trente.
40.	Quarante.
50.	Cinquante.
60.	Soixante.
70.	Soixante-dix.
80.	Quatre-vingt.
90.	Quatre-vingt-dix.
100.	Cent.

Manière de nombrer les chiffres.

Nombre.	1.
Dizaine.	10.
Centaine.	100.
Mille.	1,000.
Dizaine de mille	10,000.
Centaine de mille. . . .	100,000.
Million.	1,000,000.
Dizaine de million . . .	10,000,000.
Centaine de million. . .	100,000,000.

Remarque. Il faut, pour lire un nombre avec facilité, le séparer par une virgule en tranches de trois chiffres, en allant de droit à gauche ; la première contiendra les unités, la seconde les mille, la troisième les millions, la quatrième les billions, la cinquième les trillons , etc. Ainsi l'on dira dans l'exemple suivant :

Trillons, billions, millions, mille, unités.

2, 343, 427, 346, 954.

Deux trillons, trois cent quarante-trois billions, quatre cent vingt-sept millions, trois cent quarante-six mille, neuf cent cinquante-quatre unités.

Cette méthode facilite beaucoup les calculateurs dans les grandes opérations ; elle est en usage dans toutes nos arithmétiques anciennes.

Avant d'entrer en matière, nous allons donner quelques notions sur les différens poids et mesures.

DES POIDS ET MESURES.

DES POIDS.

Les poids se divisent ainsi qu'il suit : par milliers, par cents ou quintaux, par livres, par marcs ou demi-livres, par onces, par gros et par grains.

Le millier ou mille pesant contient 10 cents ou 10 quintaux.

Le quintal contient 100 livres pesant, le demi-cent 50 livres, et enfin le quart du cent 25 livres.

La livre contient 2 marcs ou 16 onc., la demi-livre 1 marc ou 8 onces, le

quarteron

(13)

quarteron 4 onces, le demi-quarteron 2 onces.

La livre de soie ne contient que 15 onces.

La livre en médecine contient maintenant 16 onces ou 128 drachmes, l'once 8 drachmes, la drachme trois scrupules, et le scrupule 24 grains.

Le marc se divise en 8 onces ou 64 gros, ou 192 deniers, ou 4608 grains.

L'once se divise en 8 gros, le gros en 3 deniers, le denier en 24 grains, et le grain en 24 primes.

Le marc d'or se divise (en France) en 25 karats, et le karat en 32 trente-deuxièmes.

Le marc d'argent fin se divise en 12 deniers, et le denier en 24 grains.

La livre de monnoie se divise en 20 sous, le sou en 12 deniers, le denier en mailles ou oboles.

DES MESURES.

L'aune de Paris contient 3 pieds 7 pouces 10 lignes 10 points. Ses fractions sont une demi-aune, un quart, un huitième, un seizième, un trente-deuxième, un tiers, un sixième, un douzième, un vingt-quatrième.

(14)

La mesure de la toise est prise sur l'étalon de l'académie des Sciences.

La toise courante se divise en 6 pieds, le pied en 12 pouces, le pouce en 12 lignes, et la ligne en 12 points.

La toise quarrée contient 36 pieds, le pied 144 pouces, et le pouce 144 lign.

La toise cube contient 216 pieds, le pied 1728 pouces, et le pouce 1728 lign.

L'arpent ou journal vaut 100 perches quarrées, ou dix perches de long sur dix de large.

La perche est plus grande ou plus petite suivant les différens lieux. Sa plus grande longueur est de 28 pieds, et sa plus petite de 18. Ainsi quand on mesure l'arpent avec la perche, il faut toujours indiquer le nombre des pieds qu'elle contient, afin d'éviter l'erreur.

A Paris, la perche est de 18 pieds, et l'arpent contient 900 toises quarrées, la perche ayant 9 toises quarrées de superficie.

Le muid de grains, mesure de Paris, contient 12 setiers, le setier 2 mines ou 12 boisseaux, la mine 2 minots, le minot 3 boisseaux ou 1728 pouces cubes, c'est-à-dire en tous sens, et le boisseau 16 litrons ou 576 pouces cubes. Le boisseau de blé pèse 21 à 22 livres.

Le muid d'avoine double celui de blé. A Paris, il contient ordinairement 12 setiers, et le setier contient 24 boisseaux. Le boisseau d'avoine pèse 17 à 18 livres.

Le muid de sel contient 12 setiers, le setier 4 minots, le minot 4 boisseaux et le boisseau 16 litrons. Le boisseau de sel pèse 25 livres.

Le muid de charbon contient 16 mines, la mine 2 minots, et le minot 2 boisseaux.

La voie ou muid de charbon de terre contient 15 minots, le minot 6 boisseaux.

Le muid de chaux contient 48 minots, le minot 3 boisseaux, et le boisseau 16 litrons.

Le muid de plâtre contient 36 sacs, le sac doit contenir 2 boisseaux.

Le muid de vin, à Paris, contient 37 setiers et demi ou 300 pintes, compris la lie.

Le demi-muid contient 2 quarts ou 18 setiers 6 pintes ou 150 pintes.

Le setier contient 8 pintes, la pinte 2 chopines, la chopine 2 demi-setiers et le demi-setier deux poissons.

La demi-queue d'Orléans contient 30 setiers ou 240 pintes.

La demi-queue de Beaune contient 28 setiers 6 pintes, la demi-queue de Champagne 24 setiers et les quartauts à proportion.

Des règles de l'Arithmétique.

Les règles de l'arithmétique sont des opérations, au moyen desquelles on compose et on décompose les nombres, ce qu'on appelle calculer. Les nombres étant susceptibles d'augmentation et de diminution, il est constant qu'on peut les assujettir à deux sortes d'opérations, l'une par laquelle on les augmente, ce qui s'appelle faire une addition ; l'autre par laquelle on les diminue, ce qu'on appelle une soustraction : toutes les autres opérations de l'arithmétique dépendent plus ou moins de ces deux opérations fondamentales, comme on le verra dans la suite.

L'arithmétique contient quatre règles : l'addition, la soustraction, la multiplication et la division.

PREMIÈRE RÈGLE.

DE L'ADDITION.

L'addition est une opération qui a

pour but de faire connoître la somme totale de plusieurs sommes partielles de même nature réunies ensemble.

Exemple.

Un marchand a trois billets, et tous trois de différentes sommes, il veut connoître la totalité de ces trois sommes ; pour y parvenir, il opère ainsi qu'il suit.

Première opération, composée de de livres seulement.

Premier billet montant à. .   175 l.
Deuxième. . . . . . . à. . 354
Troisième . . . . à. . 649
———————
1,178 l.

Les sommes partielles ainsi posées, je commence par la première colonne à droite où il y a un 5, et je dis : 5 et 4 font 9, et 9 font 18, j'écris 8 au dessous de la barre, et retiens une dizaine ; ensuite passant à la deuxième colonne, je dis : une dizaine de retenue et 7 font 8, et 5 font 13, et 4 font 17, j'écris 7 à la seconde colonne à gauche, et retiens une dizaine ; puis passant à la troisième colonne, je dis : une dizaine de retenue et 1 font 2, et 3 font 5, et 6 font 11, j'écris 1, et avance la dizaine.

Les trois sommes réunies font en totalité 1178 livres, ou mille cent soixante-
dix-huit livres.

La preuve se fait de deux manières
différentes. soit par une addition inverse , soit par une soustraction.

Preuve par l'addition.

La preuve de cette opération se véri-
fie par l'addition , en retranchant successivement les sommes partielles de la
somme totale ; à la fin il ne doit rien
rester.

Exemple.

$$
\begin{array}{r}
175 \ l. \\
354 \\
649 \\
\hline
1{,}178 \\
\hline
110.
\end{array}
$$

Je commence par la première colonne à gauche en disant : 1 et 3 font
4, et 6 font 10, de 11 reste 1 que je
pose sous le deuxième 1 , ensuite passant à la deuxième colonne, je dis : 7
et 5 font 12, et 4 font 16, de 17 reste
1, puis passant à la troisième , je dis : 5
et 4 font 9, et 9 font 18, de 18 reste 0 :

il ne reste rien , donc l'opération est exacte.

Principe de cette preuve.

Si d'un tout vous retranchez successivement toutes les parties qui le composent , à la fin il ne doit rien rester.

Preuve par la soustraction.

$$
\begin{array}{r}
175 \text{ l.} \\
\hline
354 \\
649 \\
\hline
1.178 \text{ l.} \\
\hline
1,003 \\
\hline
175.
\end{array}
$$

Je fais d'abord un trait sous la première somme de mon opération 175 , puis additionnant les deux autres , je dis : 4 et 9 font 13 , je pose 3 sous le 8 de la première colonne à droite , et retiens une dizaine, ensuite passant à la deuxième , je dis : 1 de retenu et 5 font 6 , et 4 font 10 , je pose o sous la deuxième colonne , et retiens une dizaine , puis passant à la troisième colonne , je dis : 1 de retenu et 3 font 4 , et 6 font 10 , je pose o et avance ma dizaine : mon addition ainsi faite , je trouve une somme de 1,003 l.

Ensuite je soustrais ou ôte de la somme de 1,178 l. celle de 1,003 liv. en disant : qui de 8 ôte 3 reste 5 , ensuite qui de 7 ôte o reste 7, ensuite , qui de 1 ôte o reste 1 , et enfin qui de 1 ôte 1 reste également o ; ce qui me donne la somme de 175 l. , qui est celle que je cherchois.

Principe de cette preuve.

Si vous retranchez d'un nombre la somme de toutes les parties qui le composent moins une, vous devez retrouver celle-ci.

Deuxième opération , composée de livres et sous.

247 l.	12 s.
736	19
848	5
1,832 l.	16 s.

Je commence mon opération par la colonne des sous, et je dis : 2 et 9 font 11 , et 5 font 16 ; en 16 je pose 6 sous la colonne des sous, et retiens une dizaine que je porte à la deuxième colonne qui est celle des dizaines, puis je dis : 1 de retenu et 1 font 2, et 1 font 3 , trois dizaines formant 1 l. 10 s. , je pose 1 dizaine sous la colonne des dizai-

nes, et retiens 1 l. que je porte à la colonne des livres. Le reste comme à l'addition simple indiquée plus haut.

Sa preuve.

La preuve se fait soit par une addition, soit par une soustraction, telle
qu'elle vient d'être indiquée.

*Troisième opération, composée de
livres, sous et deniers.*

326 l.	13 s.	6 d.
245	15	9
164	10	3
736 l.	19 s.	6 d.

Je commence mon opération par la
colonne des deniers et je dis : 6 et 9 font
15, et 3 font 18; en 18 deniers je trouve
qu'il y a un sou, plus 6 deniers, j'écris
6 sous la colonne des deniers et retiens
un sou que je porte à la colonne des
sous; puis je dis : un de retenu et 3 font
4, et 5 font 9, j'écris 9 sous la colonne
des sous, ensuite passant à la colonne
des dizaines, je dis : 1 et 1 font 2 et
1 font 3, 3 dizaines formant 1 l. 10 s.,
j'écris 1 à côté de 9 sous la colonne
des dizaines, et retiens 1 livre que je
porte à la colonne des livres. Le reste

se fait comme il a été indiqué à l'addition simple.

Sa preuve.

La preuve se fait soit par une addition , soit par une soustraction , telle
qu'elle a été indiquée.

*Quatrième opération, composée de toi-
ses, pieds, pouces, lignes et points.*

Avant de faire cette opération , je
vais donner une connoissance exacte
de la valeur de chacune de ces dénominations , afin de mettre à portée de
la faire exactement.

Pour mesurer les distances , il fallut
partir d'une unité quelconque dont la
longueur fût connue, et que l'on portât
successivement d'un bout à l'autre de
chaque distance à mesurer ; rien dans
le monde ne fixant cette unité , chaque
peuple en prit une à sa fantaisie , et
parmi nous on l'appelle *toise*.

Division de la Toise.

La toise se divise, savoir : en pieds,
pouces, lignes et points.

La toise contient 6 pieds , le pied
12 pouces , le pouce 12 lignes , et la
ligne 12 points.

De sorte que le pied est un sixième
de la toise, le pouce un soixante-dou-

zième , la ligne un huit cent soixante-
quatrième, et le point un dix mille trois
cent soixante-huitième.

Maintenant commençons notre opération. J'ai à additionner ,

1°.	9 t.	3 pi.	11 p.	2 l.	7 pts.
2°.	100.	0.	0.	0.	0
3°.	47.	5.	3.	8.	0
4°.	11.	0.	10.	8.	4
	168.	4.	1.	6.	11

Je commence mon opération par la
colonne des points, et je dis : 7 et 4 font
11, je pose 11 sous la colonne des points,
ensuite passant à la colonne des lignes ,
je dis : 2 et 8 font 10 et 8 font 18. Dix-
huit lignes contenant 1 pouce 6 lignes ,
je pose 6 sous la colonne des lignes et
retiens un pouce , puis passant à la colonne des pouces, je dis : 1 de retenu et
11 font 12 et 3 font 15 et 10 font 25 ;
25 pouces valant 2 pieds 1 pouce, je
pose 1 sous la colonne des pouces et
retiens 2 pieds ; ensuite passant à la
colonne des pieds , je dis : 2 de retenus
et 3 font 5 et 5 font 10 ; 10 pieds valant
1 toise 4 pieds , je pose 4 sous la colonne des pieds et retiens 1 toise ; ensuite passant à la colonne des toises , je
dis : 1 de retenu et 9 font 10 et 7 font

17 et 1 font 18, en 18 je pose 8 et retiens 1 ; puis passant à la deuxième colonne, je dis : 1 de retenu et 4 font 5 et
1 font 6, je pose 6 ; enfin passant à la
troisième, je dis : 1 est 1. Mon opération ainsi faite, je trouve 168 toises, 4
pieds 1 pouce 6 lignes 11 points.

*Cinquième opération, composée de
livres, onces, gros et grains.*

Le besoin de la société et du commerce n'eurent pas plutôt introduit l'u-
sage des poids et des monnoies, que chaque nation et presque chaque ville vou-
lut avoir les siens ; de là naît cette différence dans la manière de peser et de
compter.

Comme il falloit cependant établir
une unité de poids ainsi qu'une unité de
monnoie pour base de ces deux opérations, chaque pays en choisit une ; la
nôtre s'appelle la livre, et nous en dis-
tinguons de deux espèces, savoir : la
livre poids et la livre monnoie.

La première se divise en 16 parties
égales appelées onces.

La livre poids contient 16 onces,
le marc ou la demi-livre contient 8 onces, l'once 8 gros, le gros 72 grains.

La deuxième se divise en sous et
deniers.

deniers. La livre contient 20 sous, le sou 12 deniers.

Maintenant donnons des applications à ce développement.

J'ai à additionner,

1°.	10 liv.	15 onces	7 gros	70 grains.
2°.	9.	10.	4.	18
3°.	47.	3.	6.	40
4°.	0.	13.	0.	55

68 liv 11 onces 3 gros 39 grains.

Je commence mon opération par la colonne des grains que j'additionne ensemble, alors trouvant 183 grains, je dis que 183 grains valent 2 gros plus 39 grains. Je pose le nombre 39 sous ladite colonne et retiens 2 gros, puis passant à la colonne des gros, je dis : 2 de retenus et 7 font 9 et 4 font 13 et 6 font 19 ; 19 gros valant 2 onces plus 3 gros, je pose 3 sous la colonne des gros et retiens deux onces ; ensuite passant à la colonne des onces, je dis : 2 de retenus et 15 font 17 et 10 font 27 et 3 font 30 et 13 font 43 ; 43 onces valant 2 livres 11 onces, je pose 11 sous la colonne des onces et retiens deux livres que je porte à la colonne des livres et je dis : 2 de retenus et 9 font 11 et 7 font 18, en 18 je pose 8 sous la colonne

3

des livres et retiens 1 ; ensuite passant à la deuxième colonne, je dis : 1 de retenu et 1 font 2 et 4 font 6, je pose 6. Mon opération ainsi faite, je trouve 68 livres 11 onces 5 gros 59 grains.

~~~~~~~~~~~~~~~~~~~~~~~~~~~~~~~~~~~~~~~

D'EUXIÈME RÈGLE.

DE LA SOUSTRACTION.

La soustraction est une opération qui sert à trouver la différence de deux quantités données ; or cette différence est toujours égale à ce qui reste de l'une de ces quantités, quand on en a retranché l'autre.

Exemple.

Un particulier a emprunté 79,438 l. ; il a remis 54,932 l. ; il veut savoir ce qu'il doit encore. J'écris le nombre 79,438 l. et celui 54,932 l. dessous ainsi qu'il suit.

Première opération, composée de livres seulement.

Somme empruntée,	79,438 l.
Somme rendue,	54,932
Somme rédue,	24,506
Preuve,	79,438

Je commence mon opération par la
~~~~~~~~~~~~~~~~~~~~~~~~~~~~~~~~~~~~~~~

droite et je dis : qui de 8 ôte 2 reste 6 ; ensuite qui de 3 ôte 3 reste o ; ensuite qui de 4 ôte 9 ne peut ; j'emprunte sur la colonne suivante une dizaine, marquant d'un point ce chiffre, afin de faire connoître qu'il ne vaut plus que 8 ; ensuite je dis : une dizaine d'empruntée et 4 font 14, qui de 14 ôte 9 reste 5 que j'écris sous la colonne. Puis remarquant le point indiquant l'emprunt que j'ai fait : je dis : qui de 8 ôte 4 reste 4, j'écris 4 sous la colonne ; enfin qui de 7 ôte 5 reste 2. L'opération ainsi faite, je vois qu'il est redevable de la somme de 24,506 l. ou vingt-quatre mille cinq cent six lixres.

Sa preuve.

La preuve se fait en ajoutant le reste au plus petit nombre, ce qui doit reproduire le plus grand.

Pour établir cette preuve, j'additionne ensemble les sommes rendues et redues, ce qui doit rétablir la somme première.

Opération.

Somme empruntée,	79,438 liv.
Somme rendue,	54,932
Somme redue,	24,506
Preuve,	79,438

3...

En disant par la droite 2 et 6 font 8,
je pose 8 ; ensuite 3 est 3, puis 9 et 5 font
14, j'écris 4 et retiens une dizaine, ensuite je dis : 1 de retenu et 4 font 5 et 4
font 9, j'écris 9 ; enfin je dis 5 et 2 font
7, je pose 7. Alors retrouvant la somme
première, je vois l'exactitude de mon
opération.

*Deuxième opération, composée de
livres et de sous.*

Je pars du même principe que dans
la soustraction simple.

Somme empruntée,	94,376 l.	11 s.
Somme rendue,	59,843	14
Somme redue ,	34,532	17
Preuve ,	94,376 l.	11 s.

Et je dis : qui de 1 ôte 4 ne peut, j'emprunte sur la colonne des dizaines 1 , et
je dis : 10 et 1 font 11 , qui de 11 ôte 4
reste 7, ensuite le 1 n'ayant plus de valeur, je dis : qui de rien ôte 1 ne peut ,
je passe à la colonne des livres et emprunte 1 liv. qui vaut 20 s. ensuite je dis :
qui de 20 en ôte 10 reste 10, j'écris une
dizaine sous cette colonne. Puis passant
à la colonne des livres sur laquelle j'en
ai ôté 1 , je dis : qui de 5 ôte 3 reste 2.

Le reste comme à la soustraction simple.

Sa preuve.

La preuve de cette opération, comme elle a été indiquée à la soustraction simple.

Troisième opération, composée de livres, sous et deniers.

Somme empruntée, 75,483 l. 13 s. 4 d.
Somme rendue,   59,856   15   6
Somme redue,   15,626   17   10
Preuve ,   75,483 l. 13 s. 4 d.

Je pars du même principe que pour la deuxième opération, en commençant par la première colonne à droite qui est celle des deniers , je dis : qui de 4 ôte 6 ne peut, j'emprunte à la colonne des sous 1 sou qui vaut 12 deniers, lesquels je joins aux 4, ce qui fait 16, et je dis : qui de 16 ôte 6 reste 10.

Le reste comme à la deuxième opération.

Sa preuve.

La preuve se fait comme elle a été indiquée plus haut.

3..

Quatrième opération, composée de zéros.

Som. emprunt.	9,000,000 l.	o s.	o d.
Som. rendue ,	6,409,814	12	0
Som. redue ,	2,590,185	8	o
Preuve ,	9,000,000	0	o

Je commence cette opération par la droite, comme j'ai fait pour les autres, c'est-à-dire par la colonne des deniers, et je dis : qui de o ou zéro ôte o reste o. Ensuite passant à la colonne des sous, je dis : qui de o ôte 12 ne peut ; j'emprunte sur le 9 de la colonne des livres une livre qui vaut 20 sous, afin de payer les 12 sous et je dis : qui de 20 ôte 12 reste 8. Les o ou zéros à droite, d'après l'emprunt que j'ai fait, valent 9, alors je continue mon opération en disant : qui de 9 ôte 4 reste 5, ensuite qui de 9 ôte 1 reste 8 , ensuite qui de 9 ôte 8 reste 1 , ensuite qui de 9 ôte 9 reste o, ensuite qui de 9 ôte o reste 9, ensuite qui de 9 ôte 4 reste 5 , et enfin qui de 8 ôte 6 reste 2.

Sa preuve.

Elle se fait comme il est indiqué plus haut.

Cinquième opération, composée de toises, pieds, pouces et lignes.

Remarque.

Il est à remarquer pour les opérations suivantes ce que j'ai indiqué sur la valeur des toises, pieds, pouces et lignes, ainsi que sur les onces, gros et grains. D'après cela on peut faire toutes ces opérations sans embarras.

Exemple.

Un maçon a 1,542 toises 4 pieds 5 pouces 10 lignes d'ouvrage à faire, sur quoi il en a fait 274 toises 5 pieds 6 pouces 7 lignes, combien lui en reste-t-il à faire ?

A faire,	1,542 t.	4 pi.	5 p.	10 l.
Fait,	274	5	6	7
R. à faire,	1,267	4	11	5
Preuve,	1,542 t.	4 pi.	5 po.	10 l.

Je commence mon opération par la colonne à droite, qui est celle des lignes, et je dis : qui de 10 ôte 7 reste 3, ensuite passant à la colonne des pouces, je dis : qui de 5 ôte 6 ne peut, j'emprunte sur la colonne des pieds 1 pied qui vaut 12 pouces, lesquels je joins aux 5 pouces, ce qui fait 17, puis je dis : qui de 17 ôte 6 reste 11, ensuite n'ayant plus que 3 pieds, je dis : qui de 3 ôte 5 ne peut, j'emprunte 1 toise qui vaut 6 pieds, et 3 font 9, je dis : qui de 9 ôte 5 reste 4, ensuite passant à la colonne des toises où j'en ai emprunté 1, je dis : qui de 1 ôte 4 ne peut, j'emprunte une dizaine que je joins au 1, ce qui fait 11, et je dis : qui de 11 ôte 4 reste 7, je pose 7 sous la première colonne des toises; ensuite passant à la seconde, je dis : qui de trois ôte 7 ne peut, j'emprunte une dizaine que je joins au 3, ce qui fait 13, et je dis : qui de 13 ôte 7 reste 6, ensuite qui de 4 ôte 2 reste 2, et enfin qui de 1 ôte 0 reste 1.

Mon opération ainsi faite, je vois qu'il lui reste à faire 1,267 toises 4 pieds 11 pouces 3 lignes.

Sa preuve.

Pour faire la preuve de cette opération, j'additionne ensemble l'ouvrage fait et celui qui reste à faire, ce qui doit reproduire l'ouvrage à faire ou les 1,542 toises 4 pieds 5 pouces 10 lignes.

Sixième opération, composée de livres, onces, gros et grains.

Un épicier doit fournir 12 livres 12 onces 5 gros 12 grains de marchandises,

il n'a fourni que 7 livres 10 onc. 4 gros
7 grains ; combien doit-il fournir encore pour compléter la demande ?

A fournir,	12 l.	12 onc.	5 gro.	12 gr.
Fourni,	7	10	4	7
A refournir,	5	2	1	5
Preuve,	12	12	5	12

Pour faire cette opération, je dis, en
partant de la colonne des grains : qui
de 12 ôte 7 reste 5, ensuite qui de 5 ôte
4 reste 1, ensuite qui de 12 ôte 10 reste
2, et enfin qui de 12 ôte 7 reste 5.

Mon opération ainsi faite, je trouve
qu'il lui reste à fournir 5 livres 2 onces
1 gros 5 grains.

Sa preuve.

La preuve se fait en additionnant ensemble la marchandise fournie et celle
à fournir, ce qui doit compléter la
marchandise qu'il devoit fournir.

TROISIÈME RÈGLE.

DE LA MULTIPLICATION.

Multiplier est prendre un nombre,
que l'on appelle multiplicande, autant
de fois qu'il est marqué par un autre
nombre que l'on appelle multiplica-

teur ; le résultat de cette opération se nomme produit Par conséquent le produit est au multiplicande, comme le multiplicateur est à l'unité.

TABLE DE MULTIPLICATION.

2 fois	2 font	4	4 fois	4 font	16
2	3	6	4	5	20
2	4	8	4	6	24
2	5	10	4	7	28
2	6	12	4	8	32
2	7	14	4	9	36
2	8	16	4	10	40
2	9	18	4	11	44
2	10	20	4	12	48
2	11	22			
2	12	24	5 fois	5 font	25
			5	6	30
3 fois	3 font	9	5	7	35
3	4	12	5	8	40
3	5	15	5	9	45
3	6	18	5	10	50
3	7	21	5	11	55
3	8	24	5	12	60
3	9	27			
3	10	30	6 fois	6 font	36
3	11	33	6	7	42
3	12	36	6	8	48

6 fois	9 font	54	9 fois 10 font	9o
6	10	60	9	11	99
6	11	66	9	12	108
6	12	72			

7 fois	7 font	49	10 fois 10 font	100
7	8	56	10	11	110
7	9	63	10	12	120
7	10	7o	10	13	13o
7	11	77	10	14	14o
7	12	84	10	15	15o
			10	16	16o
8 fois	8 font	64	10	17	17o
8	9	72	10	18	18o
8	10	8o			
8	11	88	11 fois 11 font	12i
8	12	96	11	12	132

9 fois	9 font	81	12 fois 12 font	144

Il est très-essentiel de bien savoir cette table par cœur, afin d'épargner un temps précieux et de ne se trouver nullement embarrassé dans toutes les opérations qui ont rapport à la multiplication.

AUTRE TABLE,

Appelée de Pythagore,

Servant à la multiplication de deux nombres l'un par l'autre.

1	2	3	4	5	6	7	8	9
2	4	6	8	10	12	14	16	18
3	6	9	12	15	18	21	24	27
4	8	12	16	20	24	28	32	36
5	10	15	20	25	30	35	40	45
6	12	18	24	30	36	42	48	54
7	14	21	28	35	42	49	56	63
8	16	24	32	40	48	56	64	72
9	18	27	36	45	54	63	72	81

Voici quel est l'usage de cette Table. Si vous voulez multiplier l'un par l'autre ces deux nombres, 4 et 7, c'est-à-dire savoir quel nombre sortira de 4 fois 7, prenez le chiffre 4 qui est au haut d'une des lignes perpendiculaires, prenez ensuite le chiffre 7, qui commencera l'une des lignes horizontales, et traversez cette ligne jusqu'au dessous du 4, et vous trouverez qu'il en sortira le nombre 28.

Vous

Vous pourrez faire la même opération sur tous ses autres nombres.

Exemple.

Un marchand a acheté vingt-quatre aunes de toile à douze livres l'aune, il veut savoir combien il doit payer pour ses vingt-quatre aunes.

Le multiplicateur est le prix de l'aune, qui doit être répété autant de fois qu'il y a d'aunes.

Le multiplicande est la quantité de la marchandise ou des aunes.

La valeur des chiffres d'un produit suit toujours celle du chiffre multiplicateur.

Le multiplicateur est un nombre abstrait, ou doit être regardé comme tel ; il ne fait que marquer combien de fois ou parties de fois on doit prendre le multiplicande.

Première opération , composée de livres.

```
   24 aunes, multiplicande,
à  12 l. multiplicateur.
   ─────
    48
   24
   ─────
   288 l. produit ou prix des 24 aunes.
```

Je commence mon opération par la

4

(38)

droite du multiplicateur, et je dis : 2 fois
4 font 8, je pose 8 sous le 2 du multiplicateur, ensuite 2 fois 2 font 4.

Puis passant au deuxième chiffre du
multiplicateur et reculant d'un chiffre,
je dis : 1 fois 4 est 4 et 1 fois 2 est 2.

Mon opération faite, je trouve que
les 24 aunes coûteront 288 l., ce que
je cherchois.

Remarque. Comme toutes les opérations vont être faites par la réduction
des deniers en sous et des sous en livres, cette réduction étant une marche
plus courte et plus facile que les parties
aliquotes, je crois important, avant d'en
donner quelques exemples, de mettre
sous les yeux du calculateur un tableau
indicatif de ces réductions.

TABLEAU

De ces espèces de réductions.

Valeur de vingtième.

Le vingtième de

20	est	1	140	est	7
40		2	160		8
60		3	180		9
80		4	200		10
100		5	220		11
120		6	240		12

260	est	13	540	est	27
280		14	560		28
300		15	580		29
320		16	600		30
340		17	620		31
360		18	640		32
380		19	660		33
400		20	680		34
420		21	700		35
440		22	720		36
460		23	740		37
480		24	760		38
500		25	780		39
520		26	800		40

Valeur de douzième.

Le douzième de

12	est	1	180	est	15
24		2	192		16
36		3	204		17
48		4	216		18
60		5	228		19
72		6	240		20
84		7	252		21
96		8	264		22
108		9	276		23
120		10	288		24
132		11	300		25
144		12	312		26
156		13	324		27
168		14			

Deuxième opération , composée de livres et sous.

26 aunes de drap
à 16 l.   15 s.

<pre>
      78
      26
    ────────
     33|8
    ────────
      16 l.   18 s.
     156
      26
    ────────
     452 l.   18 s.
</pre>

Je commence mon opération en multipliant les 15 sous par 26, et je dis : 3 fois 6 font 18, en 18 je pose 8 sous le 6 de mon multiplicateur et retiens une dizaine, puis 3 fois 2 font 6 et une de retenue font 7, je pose 7 ; ensuite, reculant d'un chiffre, je dis : 1 fois 6 est 6, et 1 fois 2 est 2.

Ayant ainsi multiplié le nombre 15 par le nombre 26, j'ai un produit de 338 sous que je réduis en livres, en séparant d'un trait de plume le premier chiffre de droite. Puis je prends la moitié de ceux de gauche, et je dis : la moitié de 3 est 1 pour 2, je pose 1 sous le premier 3 et retiens une dizaine, que je joins au 3 suivant, ce qui fait 13, alors je dis : la moitié de 15 est de 6 pour 12, je pose 6 sous le deuxième 5 et retiens une dizaine, laquelle je joins au 8, ce qui fait 18 sous que je pose à la colonne des sous. Alors je trouve que 558 sous forment 16 l. 18 s.

Le reste se fait comme à la multiplication simple.

Méthode courte et facile pour réduire les livres en sous, et les sous en deniers.

Réduction des livres en sous.

De toutes les opérations arithmétiques, il n'en est point de plus facile que celle-ci.

Si vous voulez, par exemple, réduire 2,465 l. en sous, multipliez 2,465 par 20.

Opération.

2,465 l.

20

49,300 sous, contenus dans 2,465 l.

Présentement voulez-vous remettre les 49,300 sous dans leur valeur primitive, prenez la moitié de ladite somme, et séparez d'un trait de plume le chiffre de droite, et vous aurez 2,465 l.

4.º

Opération.

49,30|0 s.
2,465 l.

Vous voyez que cette opération est simple et expéditive.

Réduction des sous en deniers.

Si vous voulez réduire 4,375 sous en deniers, multipliez 4,375 sous par 12.

Opération.

     4,375 s.
par   12 den.
____

   8,750
   4,375
____

52,500 d. contenus dans 4,375 s.

Maintenant, pour rétablir vos 52,500 deniers dans leur état primitif, prenez le douzième de 52,500 deniers.

    52,500 den.
    4,375 s.

Ces sortes d'opérations servent encore, savoir :

1°. A tirer le sou pour livre.

2°. A tirer l'intérêt au denier 20.

3°. A tirer le change à 5 pour cent.

4°. A tirer le vingtième d'une somme.

Aux multiplications de livres et sous,

Aux multiplications de sous et de-

niers, et aux multiplications de sous
simplement.

1°. Si vous voulez tirer le sou pour
livre de 7,869 l., opérez comme pour la
réduction des sous en livres.

Opération.

786|9 l.
393 l. 9 s. sera le sou pour livre.

2°. Si vous voulez tirer l'intérêt au
denier 20, c'est la même marche.

Opération.

965|7 l.
482 l. 17 s. sera le denier 20.

3°. Si vous voulez tirer le change à
5 pour 100 de 6,493 l., c'est la même
chose.

Opération.

649|3 l.
324 l. 13 s. sera le change à 5 pour 100.

La méthode ordinaire de la multiplication par sous, c'est de multiplier
la quantité de la marchandise par le
nombre des sous qu'elle coûte, le produit sera des sous, lesquels vous ré-
duirez en livres, ainsi que je viens de
l'indiquer. Pour vous faciliter d'autant
plus ces sortes d'opérations, je vais

vous donner les deux exemples suivans.

<table>
<tr><td>25 aunes</td><td>25 aunes</td></tr>
<tr><td>à 40 s.</td><td>à 72 d.</td></tr>
<tr><td>100|0 s.</td><td>50</td></tr>
<tr><td></td><td>175</td></tr>
<tr><td>50 l., prix des vingt-cinq aunes.</td><td>1800 d.</td></tr>
<tr><td></td><td>15|0 s.</td></tr>
<tr><td></td><td>7 l. 10 s. prix des vingt-cinq au-nes.</td></tr>
</table>

Une fois familier avec ces espèces de réductions , vous pourrez facilement faire toutes les opérations les plus diffi-ciles.

Troisième opération, composée de livres, sous et deniers.

12 aunes de toile
à 6 l. 16 s. 5 d.

60

5

72

12

19|7

9 l. 17 s.

72

81 l. 17 s.

Je commence mon opération par les deniers, que je multiplie par la quantité de ma marchandise, et je dis : 5 fois 2 font 10, en 10 je pose 0 et retiens une dizaine. Ensuite 5 fois 1 font 5 et 1 font 6, en 6 je pose 6 à côté du zéro ou 0, ensuite je prends le 12.ᵉ et dis : le 12.ᵉ de 60 est de 5, je pose 5 sous le 0, ce sont 5 sous. Le reste se fait comme à la deuxième opération.

Preuve de la multiplication.

La preuve d'une multiplication se fait par deux opérations différentes, savoir : par une multiplication ou par une division.

Par une multiplication, en prenant la moitié de la marchandise, et doublant le prix.

Par une division, en prenant le produit ou la somme totale pour dividende, la quantité de la marchandise pour diviseur, le quotient doit être égal au prix de la marchandise.

(46)

Exemple.

Première preuve par une multiplication.

```
         6 aunes
    15 l. 12 s. 10 d.
    ─────────────────
         60
       ──────
         5
         12
         6
       ──────
         7|7
    ──────────
         3 l.      17 s.
        18
         6
    ──────────────────
        81 l.     17 s.
```

Cette opération se fait comme je l'ai indiqué à la multiplication des livres, sous et deniers.

Deuxième preuve par une division.

Dividende 81 l. 17 s. { 12 diviseur.
                        { 6 l. 16 s. 5 d.

```
         9      {
        20      {  12
    ──────────  ────────
       197      {  16 s.
        77      {
         5      {

        12      {  12
    ──────────  ────────
        60      {  5
```

Pour faire cette opération, je cher-

che d'abord en 81 combien de fois est
contenu 12 , je trouve qu'il y est 6 fois ,
je pose 6 sous le 2 de mon diviseur , et
je dis : 6 fois 12 font 72 , de 81 reste
7 , que je pose sous le 1 de mon dividende.

Ensuite je réduis les 9 l. qui me restent en sous en les multipliant par 20 ,
ce qui me donne 197 sous en y ajoutant
les 17 s. qui sont au dividende ; je les divise également par le nombre 12 , et je
cherche en 19 combien de fois 12 , il
y est une fois , je pose 1 à la colonne
des sous et dis : 1 fois 12 est 12 , de 19
reste 7 , ensuite j'abaisse le 7 de mon
dividende , ce qui me donne 77 , alors
je cherche en 77 combien de fois 12 , je
trouve qu'il y est 6 fois , je pose 6 à côté
du 1 de mon quotient , et je dis : 6 fois
12 font 72 , de 77 reste 5. Je les multiplie par 12 pour en faire des deniers ,
ce qui me donne 60 , alors je cherche en
60 combien de fois 12 , je trouve qu'il
y est 5 fois , je pose 5 à la colonne des
deniers , et je dis : 5 fois 12 font 60 , de
60 reste 0.

Comme il n'y a plus de chiffres à
abaisser , l'opération est finie , et le
quotient égalant le prix de mes 12 aunes , je vois que la règle est exacte.

Remarque. J'ai dit plus haut que la multiplication faite par les parties aliquotes étoit une opération embarrassante pour les calculateurs , et que celle faite par la réduction étoit plus simple et plus facile. Pour en démontrer la vérité , je vais en donner un exemple , afin que les calculateurs puissent le juger ainsi que moi.

MULTIPLICATION

PAR LES PARTIES ALIQUOTES.

Table des parties aliquotes de 20 sous.

Pour

1 s.	Le vingtième.
2	Le dixième.
3	Le dixième et le vingtième.
4	Le cinquième.
5	Le quart.
6	Le quart et le vingtième.
7	Le quart et le dixième.
8	Les deux cinquièmes.
9	Le quart et le cinquième.
10	La moitié.
11	La moitié et le vingtième.
12	La moitié et le dixième.

13 s. La moitié, le dixième et le vingtième.
14   La moitié et le cinquième.
15   La moitié et le quart.
16   La moitié, le quart et le vingtième.
17   La moitié, le quart et le dixième.
18   La moitié et les deux cinquièmes.
19   La moitié, le quart et le cinquième.

Table des parties aliquotes de 12 deniers.

Pour

1 den. Le douzième.
2   Le sixième.
3   Le quart.
4   Le tiers.
5   Le tiers et le douzième.
6   La moitié.
7   La moitié et le douzième.
8   Les deux tiers.
9   Les deux tiers et le douzième.
10   La moitié et le tiers.
11   La moitié, le tiers et le douzième.

Opération.

```
      36 aunes
à    25 l. 13 s. 6 d.
     ─────────────
     180
     72
       18. . . . pour  10 s.
        3 l. 12 s. pour   2
        1 l. 16. . pour   1
             18. . pour   6
     ─────────────────────
     924 l.   6 s.
```

Je commence mon opération en multipliant le nombre 25 par 36, et je dis :
5 fois 6 font 30, je pose o sous le 5 du
multiplicateur, et retiens 3 dizaines,
ensuite 5 fois 3 font 15 et 3 de retenus
font 18, en 18 je pose 8 et j'avance 1 ;
puis reculant d'un chiffre, je dis : 2
fois 6 font 12, je pose 2 et retiens une
dizaine ; ensuite 2 fois 3 font 6 et 1 de
retenu font 7, que je pose.

Ayant ainsi opéré, je passe à la colonne des sous, puis je prends pour 10
sous la moitié de la quantité de la marchandise, qui est 18 que j'écris, ensuite
pour 2 s. le dixième de la même quantité, qui est 3 l. 12 s., ensuite pour 1 s.
le vingtième ou moitié du dixième, qui
est 1 l. 16 s., enfin je prends pour 6

deniers la moitié du vingtième , qui est 18 sous.

Mon opération ainsi faite , je vois que 36 aunes de toile ou autre marchandise , coûteront, à raison de 25 l. 15 s. 6 d. l'aune , 924 l. 6 s.

Sa preuve.

Elle se fait , comme j'ai dit plus haut, soit par la multiplication , soit par la division , au choix du calculateur.

~~~~~~

QUATRIÈME RÈGLE.

DE LA DIVISION.

Diviser un nombre par un autre , c'est chercher combien de fois le second , qui se nomme diviseur , est contenu dans le premier , qui se nomme dividende ; le résultat de cette opération se nomme quotient.

Exemple.

Une personne décédée laisse par son testament une somme de 342 liv. à partager entre 24 indigens , et désire qu'ils aient chacun part égale ; c'est une division à faire pour résoudre la question.

5..
~~~~~~

*Première opération avec livres
seulement.*

.Divid. 342 l. {ou somme à partager.
   102 {24 diviseur ou nombre
        { . des partageans.

    6 {14 l. 5 s. , quotient ou
  120 { somme qu'ils doivent
       { avoir chacun.

Pour faire cette opération , je prends à gauche les deux chiffres 34 , et je cherche en 34 combien de fois est contenu 24 , il y est une fois ; je pose 1 sous le 2 de mon diviseur , et multipliant ensemble ces deux nombres , je dis : 1 fois 4 est 4 , de 4 reste rien , je pose 0 ou zéro sous le 4 de mon dividende ; ensuite une fois 2 est 2, de 3 reste 1. Alors, comme 10 ne contient point mon dividende, j'abaisse le 2 , ce qui me fait 102, alors je cherche en 102 combien de fois est contenu 24 ; je trouve qu'il y est 4 fois, je pose 4 au diviseur , puis je multiplie également ces deux nombres l'un par l'autre et je dis : 4 fois 4 font 16 , de 22 reste 6 et retiens 2 ; ensuite 4 fois 2 font 8 et 2 de retenus font 10 , de 10 reste 0.

N'ayant plus de chiffres à abaisser , et comme il me reste 6 liv. qui ne peuvent se diviser par 24 , je les réduis en sous, en les multipliant par 20, ce qui me donne 120 sous ; ensuite je cherche en 120 combien de fois est contenu 24 : je trouve qu'il y est contenu 5 fois , je pose 5 à la colonne des sous de mon diviseur et je multiplie également ce nombre par l'autre , ensuite je dis : 5 fois 4 font 20, de 20 reste o et retiens 2, ensuite 5 fois 2 font 10 et 2 de retenus font 12, de 12 reste o ou zéro. N'ayant plus de chiffres à diviser , mon opération se trouve terminée , et je vois qu'il doit être remis à chaque indigent, pour part égale , 14 l. 5 s.

Deuxième opération de livres et sous.

$$
\begin{array}{r}
746\ \text{l. }13. \\
106 \\
10 \\
20 \\
\hline
213 \\
53 \\
5 \\
12 \\
60 \\
\hline
12
\end{array}
\left\{
\begin{array}{l}
16 \\
\hline
46\ \text{l. }13\ \text{s. }3\ \text{d.}
\end{array}
\right.
$$

Cette opération diffère peu de la première ; il ne s'agit que de joindre

5..

les 13 sous du dividende à la réduction des livres en sous , car multipliez
10 par 20, viendra 200 , auxquels joi-
gnez les 13 s. du dividende , viendra
213, que vous diviserez par le même
diviseur 16, jusqu'à ce que vous ayez
épuisé tous les chiffres du dividende.

*Troisième opération de livres , sous
et deniers.*

548 l. 11 s. 3 d. $\Big\{$ 56
188                    $\overline{\quad}$
8                      $\big\{$ 15 l. 4 s. 9 d.

   20
  ⎯⎯
  171
  27
  1 2
 ⎯⎯
  54
 273
 ⎯⎯
 327
  3

Cette opération diffère en peu de
chose de la deuxième ; j'ai dit qu'il falloit joindre les sous qui se trouvent au
dividende à la réduction des sous , il en
est de même des deniers qu'il faut joindre à la réduction des deniers ; ainsi
multipliez 27 par 12, viendra 324 , et
les trois deniers du dividende feront
327 que vous diviserez par votre divi-

seur 36, jusqu'à ce que vous ayez épuisé tous les chiffres de votre dividende.

Sa preuve.

On prouve l'exactitude d'une division par une multiplication ; 1°. prenant pour multiplicande le diviseur ; 2°. en prenant pour multiplicateur le quotient de la division, le produit total de cette opération doit égaler le dividende. En effet le quotient indique combien de fois le diviseur est contenu dans le dividende. Conséquemment si l'on prend ce diviseur autant de fois, c'est-à-dire si on le multiplie par le quotient, on doit trouver le dividende.

Opération.

$$36$$
$$15 \text{ l. } 4 \text{ s. } 9 \text{ d.}$$
$$\overline{324}$$
$$5 \text{ , restant de la division.}$$
$$\overline{327}$$
$$27 . \text{s. } 3 \text{ d.}$$
$$144$$
$$\overline{171}$$
$$8 \text{ l. } 11 \text{ s. } 3 \text{ d.}$$
$$180$$
$$36$$
$$\overline{548 \text{ l. } 11 \text{ s. } 3 \text{ d.}}$$

Le produit de cette multiplication étant égal au dividende de l'opération à laquelle elle sert de preuve, on doit en conclure l'exactitude.

~~~~~~

DES FRACTIONS.

On appelle fraction tout nombre plus petit que l'unité principale qu'on a choisie.

L'idée de fraction comprend donc l'espèce et le nombre de parties que l'on veut prendre pour avoir une portion plus ou moins grande de telle ou telle quantité ; ainsi un tiers signifie que l'unité étant divisée en trois parties égales, on en a pris une : la fraction 4 cinquièmes exprime que l'unité étant divisée en 5 parties égales, on en a pris quatre.

Le nombre ou terme supérieur d'une fraction s'appelle le numérateur de la fraction, et l'inférieur s'appelle le dénominateur. Ainsi dans la fraction 4 cinquièmes, le numérateur est 4 et le dénominateur est 5.

Une fraction proprement dite est donc une quantité moindre que l'unité, parce que son numérateur est plus petit
~~~~~~

que son dénominateur ; cependant il n'est pas rare de trouver des expressions en forme de fractions , dont le numérateur est égal , ou même plus grand que le dénominateur. Or, quand le numérateur est égal au dénominateur, la fraction est égale à l'unité ; par exemple , 4 quarts signifiant que l'unité est divisée en 4 parties égales , et que l'on prend à la fois ces 4 parties , il est clair qu'on a l'unité entière : ainsi 11 onzièmes égalent 1 , 99 quatre-vingt-dix-neuvièmes égalent 1.

Il arrive souvent qu'après une opération , on obtient un résultat dans lequel le numérateur est plus grand que le dénominateur. Ce n'est point dans ce cas une fraction proprement dite que l'on obtient , ce sont des entiers sous la forme fractionnaire. On peut facilement les en débarrasser , en divisant le numérateur par le dénominateur ; le quotient indique le nombre d'entiers , et l'on donne au reste le dénominateur de la fraction qui doit leur être ajoutée.

Supposons qu'on obtienne pour résultat d'une opération le nombre $\frac{23}{5}$, on trouve , en effectuant la division, qu'il est égal à 4 unités plus $\frac{3}{5}$. Il est

quelquefois plus commode de lui lais-
ser la forme $\frac{23}{5}$, lorsqu'on doit employer ce résultat dans les calculs sub-
séquens.

Il n'est pas toujours aisé de distinguer
au premier coup - d'œil quelle est la
plus grande de deux fractions, à moins
qu'elles n'aient un même numérateur,
ou un même dénominateur. On ne voit
pas tout de suite, par exemple, quelle
est la plus grande de ces deux fractions,
3 quarts, 5 septièmes; mais, 1°. si les
fractions ont le même numérateur,
celle-là est la plus grande dont le dénominateur est le plus petit, puisqu'il entre le même nombre de parties dans la
valeur de la fraction, et que ces parties
sont plus considérables; 2°. si les fractions ont le même dénominateur, c'est
celle qui a le plus grand numérateur
qui est la plus grande, puisqu'elle contient un plus grand nombre de parties
de l'unité.

Si une quantité est double, triple ou
centuple d'une autre, la moitié de la première quantité sera évidemment double, triple ou centuple de la moitié de
la seconde quantité. Le tiers, le quart,
le millième ou telle autre partie qu'on
voudra de la première, sera également

double, triple ou centuple du tiers, du quart, du millième, et en général de la partie correspondante de la seconde. D'où il suit que les parties semblables de deux ou de plusieurs quantités ont toujours entre elles le même rapport que ces quantités.

La valeur d'une fraction ne change donc pas, soit que l'on divise, soit que l'on multiplie ses deux termes par un même nombre, et par conséquent il y a une infinité de fractions de même valeur, quoique exprimées en termes différens.

Exemples : 36 soixante-douzièmes égalent 18 trente-sixièmes, égalent 6 douzièmes, égalent 1 demi, comme il est évident. La seconde fraction vient des deux termes de la première, divisés l'un et l'autre par deux. On a divisé ceux de la seconde par 3, et ceux de la troisième par 6, ce qui a donné la fraction 1 demi, visiblement égale à celles qui la précèdent. On seroit parvenu immédiatement à ce dernier résultat, en divisant les deux termes de la première fraction par 36.

ADDITION DES FRACTIONS.

L'addition des fractions ne présente aucune difficulté, lorsqu'elles ont le même dénominateur, il suffit pour cela d'ajouter le numérateur, et de donner à la somme le dénominateur commun. Ainsi si on a à ajouter $\frac{3}{9}$, $\frac{1}{9}$, $\frac{4}{9}$, on trouve $\frac{8}{9}$ pour résultat. Mais si les fractions n'ont point le même dénominateur, on ne peut point les ajouter immédiatement, puisque les parties qui les composent ne sont point de même espèce. Il faut alors leur faire subir préalablement une transformation, dont l'objet est de leur donner un dénominateur commun, alors les parties étant de même grandeur, il n'y a plus qu'à prendre la somme des numérateurs comme nous l'avons fait ci-dessus.

Proposons-nous pour exemple d'ajouter les deux fractions $\frac{1}{3}$ et $\frac{3}{4}$. Nous avons vu ci-dessus qu'on peut toujours multiplier le numérateur et le dénominateur d'une fraction par un même nombre, sans rien changer à sa valeur, ce qui est évident, puisque si d'un côté on rend les parties plus petites, on en prend un plus grand nombre dans le même rapport.

Conséquemment, si je multiplie les deux

deux termes de la fraction $\frac{1}{3}$ par le dénominateur 4 de la seconde, j'aurai une fraction $\frac{4}{12}$ égale à la première ; par la même raison si je multiplie les deux termes de la seconde fraction par le dénominateur 3 de la première, j'aurai une fraction $\frac{9}{12}$ égale à la seconde : la question est donc ramenée à trouver la somme de deux fractions $\frac{4}{12}$ et $\frac{9}{12}$ égale $\frac{13}{12}$ égale 1 plus $\frac{1}{12}$.

Il suit de là que pour réduire deux fractions au même dénominateur, il faut multiplier les 2 termes de chacune des fractions par le dénominateur de l'autre.

Le dénominateur commun est égal au produit du dénominateur primitif.

Si on avoit un plus grand nombre de fractions, s'il s'agissoit par exemple de trouver la somme des fractions , $\frac{2}{3}\,\frac{1}{4}\,\frac{3}{5}$ il faudroit alors, pour les réduire au même dénominateur , multiplier les deux termes de chacune d'elles par le produit des dénominateurs des deux autres, et on aura pour dénominateur commun le produit de tous les dénominateurs.

Ainsi dans l'exemple que nous avons choisi , on multipliera , 1.° les deux termes de la fraction $\frac{2}{3}$ par le produit de 4 par 5 dénominateur des deux autres , ce qui donnera $\frac{40}{60}$ égale à $\frac{2}{3}$. 2.º on multipliera les deux termes de la fraction $\frac{1}{4}$ par le produit de 3 par 5 , dénominateur des deux autres , ce qui donnera la fraction $\frac{15}{60}$ égale à $\frac{1}{4}$; enfin on multipliera les deux termes de la fraction $\frac{3}{5}$ par le produit 12 du dénominateur des deux premiers, ce qui donnera $\frac{36}{60}$ égale à $\frac{3}{5}$. On n'aura plus qu'à ajouter les fractions $\frac{40}{60}$ $\frac{15}{60}$ $\frac{36}{60}$, ce qui se fera en additionnant les numérateurs ainsi que nous l'avons dit. Cela suffira pour faire entendre les exemples suivans.

Exemple.

Si vous avez à additionner

1°. ———	17 aunes	$\frac{1}{3}$
2°. ———	11	$\frac{1}{6}$
3°. ———	9	$\frac{1}{4}$
4°. ———	13	$\frac{1}{12}$
5°. ———	5	$\frac{1}{2}$

posez le nombre de vos aunes les uns sous les autres , et les fractions qui en dépendent , ainsi qu'il suit.

Opération.

17	aunes	$\frac{1}{3}$	$\frac{4}{12}$
11	———	$\frac{1}{6}$	2
9	———	$\frac{1}{4}$	3
13	———	$\frac{1}{12}$	1
5	———	$\frac{1}{2}$	6
56	aunes	$\frac{1}{3}$ ou	$\frac{4}{12}$

Pour faire cette opération, il faut commencer par mettre le nombre 12 à côté des fractions , et faire un trait dessous , ensuite prendre le tiers de 12 qui est 4, ensuite le sixième de 12 qui est 2, ensuite le quart qui est 3 , ensuite le douzième qui est 1 , et enfin la moitié qui est 6.

Maintenant pour savoir combien valent toutes les fractions qui font le sujet de la question ; ajoutez lesdits produits 4, 2, 3, 1, 6 , et les additionnant, mettez de 12 en 12 un point qui indiquera une aune , et dites : 4 et 2 font 6 et 3 font 9 et 1 font 10 et 10 font 16, 16 douzièmes valent une aune plus 4 douzièmes ; ensuite passant à la colonne des aunes , dites : une de retenue et 7 font 8 et 1 font 9 et 9 font 18 et 3 font 21 et 5 font 26 , en 26 posez 6 et retenez 2 que vous porterez à la deuxième colonne , ensuite 2 de retenus et 1 font 3 et 1 font 4 et 1 font 5.

Votre opération ainsi faite, vous trouverez pour somme totale 56 aun. $\frac{1}{3}$.

SOUSTRACTION des FRACTIONS.

Si les fractions ont le même dénominateur , on aura leur différence en prenant celle des numérateurs et en donnant au reste le dénominateur commun. Mais si les fractions ont des dénominateurs différens, par exemple s'il s'agit de retrancher $\frac{3}{4}$ de $\frac{4}{5}$ il faudra les réduire au même dénominateur par la méthode que nous avons indiquée en parlant de l'addition, on échangera ainsi les deux fractions précédentes en $\frac{15}{20}$ et $\frac{16}{20}$ dont la différence est $\frac{1}{20}$.

Exemple.

Si de 37 aunes 1 quart vous ôtez 15 aunes trois quarts, combien en doit-il rester.

Elle se pose comme une soustraction ordinaire.

Opération.

Qui de	37 aunes	$\frac{1}{4}$
ôte	15	$\frac{3}{4}$
reste	21 aunes	$\frac{1}{2}$

Pour faire cette opération, dites : qui d'un quart ôte trois ne peut, j'emprunte sur la colonne des aunes une aune qui vaut quatre quarts et 1 font 5, ensuite qui de 5 ôte 3 reste 2 qui font une demie, ensuite qui de 6 ôte 5 reste 1, enfin qui de 3 ôte 1 reste 2, ce qui donne pour différence 21 aunes et demie.

Si les fractions qui sont unies aux entiers n'avoient point le même dénomi-

nateur , il faudroit les y réduire avant
de faire l'opération.

Supposons par exemple qu'on veuille
retrancher 15 $\frac{3}{4}$ de 37 aunes $\frac{1}{3}$, je
réduis d'abord les deux fractions $\frac{3}{4}$
et $\frac{1}{3}$ au même dénominateur , en multipliant les deux termes de chacune par
le dénominateur de l'autre, je les change
ainsi en $\frac{9}{12}$ et $\frac{4}{12}$, conséquemment la
question est ramenée à trouver la diffé-
rence de 37 aunes $\frac{4}{12}$ à 15 aunes $\frac{9}{12}$; ce
qui rentre dans l'exemple précédent.

MULTIPLICATION des FRACTIONS.

On multiplie une fraction , ou en
multipliant son numérateur ou en divisant son dénominateur. Supposons
qu'on ait $\frac{7}{8}$ à multiplier par 2 , on y
parviendra ou en multipliant le numérateur 7 par 2 , ce qui donne pour produit $\frac{14}{8}$, ou en divisant le dénominateur
8 par 2 , ce qui donne $\frac{7}{4}$; en effet dans
le premier cas , les parties restant les
mêmes , on en prend deux fois autant
qu'il en entre dans la fraction qu'on
veut multiplier. Dans le second le nombre de parties reste le même ; mais elles
sont deux fois plus grandes.

Réciproquement, pour diviser une
fraction, il faut diviser son numérateur

ou multiplier son dénominateur : telle est la règle qu'il faut suivre toutes les fois que le nombre par lequel on doit multiplier la fraction est un nombre entier ; mais si le multiplicateur est lui-même une fraction, alors il faut, pour avoir le produit, multiplier les deux numérateurs l'un par l'autre, et donner à ce résultat pour dénominateur le produit de ceux des deux fractions qu'on veut multiplier.

Supposons, par exemple, qu'il s'agit de multiplier $\frac{3}{4}$ par $\frac{2}{3}$, il faut se rappeler ce que nous avons dit précédemment : multiplier, c'est prendre le multiplicande autant de fois qu'il est marqué par le multiplicateur, c'est donc prendre $\frac{3}{4}$ deux tiers de fois, ou, ce qui est la même chose, les deux tiers de $\frac{3}{4}$; conséquemment, il ne faudra pas s'étonner si le produit est plus petit que chacune des fractions qu'il s'agit de multiplier.

Reprenons l'exemple que nous nous sommes proposé : j'écris les deux fractions ainsi qu'il suit $\frac{3}{4} \times \frac{2}{3}$ (le signe $\times$ signifie à multiplier par), et je dis : supposons d'abord que ce soit par 2 que la fraction $\frac{3}{4}$ doit être multipliée, il faudra, d'après ce que nous avons dit, multiplier le numérateur par 2, ce qui donne pour produit $\frac{6}{4}$; mais j'observe que la quantité $\frac{2}{3}$ pour laquelle je dois multiplier est trois fois plus petite que 2, conséquemment le produit $\frac{6}{4}$ que j'ai obtenu est trois fois trop fort, il faut donc le diviser par 3, ce qui s'opère en multipliant son dénominateur par 3, ce qui donne $\frac{6}{12}$ égal $\frac{1}{2}$.

Cette opération, qui paroît présenter des difficultés, est néanmoins très-simple : après avoir multiplié la quantité de vos aunes, opérez pour vos fractions, comme il est expliqué plus bas.

Opération.

```
      17 aunes 12/24
à     26 l. 8 s. l'aune.
————————————————————————
      102
  34
      6    16 p. les 8 s.
     13     4 p. 12/24 moitié de 26 l. 8 s.
      6    12 p. 6/24
      1     2 p. 1/24
————————————————————————
Tˡ. 469 l. 14 s.
```

Pour faire cette opération, commen-cez par multiplier vos 17 aunes par 26 liv. 8 s., prix de chacune d'elles ; en-suite prenez pour 12 vingt-quatrièmes la moitié de 26 l. 8 s., ce qui donnera

13 l. 4 s. ; ensuite pour 6 vingt-quatrièmes la moitié de 13 l. 4 s., viendra 6 l. 12 s. ; enfin pour 1 vingt-
quatrième le sixième de 6 l. 12 s. viendra 1 l. 2 s. ; ensuite additionnez ensemble toutes ces sommes , vous aurez
469 liv. 14 s., prix que coûteront vos
17 aunes 19 vingt-quatrièmes , à raison
de 26 l. 8 s. l'aune.

MULTIPLICATION

composée de toises , pieds et pouces.

Pour faire cette opération , il faut se
rappeler ce que j'ai dit au chapitre des
mesures sur leur valeur , et d'après ce
on la fera sans embarras.

Première opération.

     31 toises 4 pieds 5 pouces
à   9 l. la toise.

279
  4 l. 10 s. pour 3 pieds.
  1   10   pour 1 pied.
        10   pour 4 pouces.
        2 6 d. pour 1 pouce.

---

285 l. 12 s. 6 d.

Je commence par multiplier la quantité de mes toises par le prix, c'est-à-
dire 9 par 31 , et je dis : 9 fois 1 font 9,

ensuite 9 fois 3 font 27 , je pose 7 , et avance 2.

Ensuite je prends pour 3 pieds moitié de la toise , la moitié des 9 l. , et je dis : la moitié de 9 l. est 4 l. 10 s. que je pose ; ensuite pour un pied , qui est 1 sixième de la toise , je prends le sixième de 9 l. , qui est 1 l. 10 s. Ayant ainsi opéré pour les 4 pieds , je passe aux 5 pouces , je prends pour 4 pouces le tiers de 30 qui est 10 , ensuite pour 1 pouce le quart du prix des 4 pouces , ce qui me donne 2 s. 6 d.

Mon opération ainsi faite , je trouve que mes 31 toises 4 pieds 5 pouces , à raison de 9 l. la toise , coûteront 285 l. 12 s. 6 d.

Deuxième opération.

$$43 \text{ t. } 3 \text{ pi. } 7 \text{ pouces.}$$
$$\text{à} \quad 10 \text{ l. } 16 \text{ s.}$$

430
34 l. 8 s.
  5   8   p. les 3 p. $\frac{1}{2}$ t.

Faux prod.   1 16   p. 1 pi.
          o 18   p. 6 pouces.
          o   3   p. 1 pouce.

---

470 l. 17 s.

Multiplication composée de marcs, onces et gros.

Pour faire cette opération , il faut également se rappeler ce que j'ai dit sur le chapitre des Poids.

Première opération.

```
      14 marcs 5 onces 7 gros d'or
à     27 l.   12 s. le marc.
———————————————————————————————
      98
      28
       8      8
      13     16      pour 4 onces.
       3      9      pour 1 once.
       1     14  6   pour 4 gros.
             17  3   pour 2
              8  7   pour 1
———————————————————————————————
     406 l.   13 s. 4 d.
```

Deuxième opération.

```
      7 onces 3 gros 1 den. 12 gr. d'or
à 57 l.   16.s. l'once.
———————————————————————————————
     399
       5      12
      14      9      pour 2 gros.
       7      4  6   pour 1
       2      8  2   pour 1 den.
       1      4  1   pour 12 grains.
———————————————————————————————
     429 l.   17 s. 9 d.
```

Multiplication de livres pesant
16 onces.

Première opération.

```
13 l.    15 onces ¼ de cannelle
à    9 l.    18 s. la livre.
```

```
    117
    11      14
     4    ..19        pour 8 onces.
      2       9    6 pour 4
      1       4    9 pour 2
             12    4 pour 1
              3    1 pour ¼
    158 l.    2 s.   8 d.
```

Deuxième opération.

Poids de 15 onces.

```
53 l.    9 onces 5 gros de soie
à  16 l.    16 s.
```

```
    198
     33
     26      8
      5     12        pour 5 onces.
      5      7    2 pour 3
      1      2    4 pour 1
            11    2 pour 4 gros.
             2    9 pour 1
    565 l.    5 s. 5 d.
```

DIVISION des FRACTIONS.

Nous avons vu précédemment que, pour diviser une fraction par un nombre entier, il falloit diviser le numérateur par ce nombre, ou multiplier son dénominateur par ce même nombre. Ainsi s'il s'agit de diviser la fraction $\frac{9}{11}$ par 3, on aura pour quotient $\frac{3}{11}$ ou $\frac{9}{33}$. Il est inutile de dire qu'on ne multiplie le dénominateur qu'autant que le numérateur n'est point multiple du nombre par lequel il faudroit diviser, parce qu'il faut toujours autant que possible, donner aux fractions la forme la plus simple. Ainsi, dans le cas que nous venons de considérer, il vaut mieux diviser le numérateur par 3, ce qui donne $\frac{3}{11}$, que de multiplier le dénominateur. Mais si le numérateur n'étoit point exactement divisible par 3, s'il s'agissoit, par exemple, de diviser $\frac{7}{11}$ par 3, alors il faudroit multiplier le dénominateur, ce qui donneroit $\frac{7}{33}$.

Cela posé, nous allons chercher quelle est la règle à suivre pour la division, lorsque le dividende et le diviseur sont deux fractions. Soit pour exemple $\frac{3}{4}$ à diviser par $\frac{2}{3}$, c'est-à-dire soit proposé de chercher combien de

fois

fois $\frac{3}{4}$ contient $\frac{2}{3}$. Je pose les deux fractions ainsi qu'il suit : $\frac{3}{4} : \frac{2}{3}$. (Le signe :
signifie à diviser par), et je dis : sup-
posons que le quotient, au lieu d'être $\frac{2}{3}$,
soit seulement 2, il faudra, d'après ce
que nous venons de dire, multiplier le
dénominateur 4 par 2, ce qui donnera
pour quotient $\frac{1}{8}$. Maintenant j'observe
que ce n'étoit point par 2 que je devois
diviser, mais par la quantité $\frac{2}{3}$ trois fois
plus petite que 2; donc le quotient $\frac{1}{8}$ que
j'ai trouvé d'après la 1re. hypothèse, est
trois fois trop petit ; il faut donc le rendre trois fois plus grand. On y parviendra, en multipliant son numérateur par
3, ce qui donne pour quotient de $\frac{3}{4}$ par
$\frac{2}{3}$, $\frac{9}{8}$ égale 1 plus $\frac{1}{8}$. On peut s'assurer de
la vérité de ce résultat, en multipliant
le quotient $\frac{9}{8}$ par le diviseur $\frac{2}{3}$; on doit
retrouver le dividende de $\frac{3}{4}$. En effet on
a, d'après les règles indiquées plus haut
pour la multiplication des fractions,
pour produit de $\frac{8}{9}$ par $\frac{2}{3}$, $\frac{18}{24}$. Mais on peut
diviser les deux termes de cette frac-
tion par 6 sans rien changer à sa valeur, parce que si d'un côté on prend
six fois moins de parties, en revanche
ces parties sont six fois plus fortes.
On trouve $\frac{3}{4}$ pour résultat, ainsi que
nous l'avons annoncé. Réciproquement

la preuve de la multiplication de fractions se fait en divisant le produit par
l'un des facteurs; si l'opération est exacte , on doit trouver l'autre facteur.

Il suit de ce que nous venons de dire ,
que , pour diviser une fraction par une
autre fraction , il faut multiplier le numérateur de la fraction dividende par
le dénominateur de la fraction diviseur,
et donner à ce résultat , pour dénominateur , le produit ou le dénominateur
de la fraction dividende par le numérateur de la fraction diviseur ; ou , ce
qui revient au même , renverser la fraction diviseur , et opérer ensuite comme
si l'on vouloit multiplier. Ainsi , dans
l'exemple précédent , je mettrois les
deux fractions $\frac{1}{4} : \frac{2}{3}$ sous la forme $\frac{1}{4} \bowtie \frac{1}{2}$, ce qui donne en multipliant , $\frac{2}{8}$.

La même chose auroit lieu si le dividende , au lieu d'être une fraction,
étoit un nombre entier, parce qu'il est
toujours censé avoir pour dénominateur l'unité. Ainsi s'il s'agissoit de diviser 2 par $\frac{3}{4}$, je renverserois la fraction
$\frac{3}{4}$ qui me donnera $\frac{4}{3}$, que je multiplie-
rai ensuite par le dividende 2 , ce qui
me donnera $\frac{8}{3}$ pour quotient de 2 par
$\frac{3}{4}$, c'est-à-dire que 2 contient $\frac{1}{4}$ 8 tiers
de fois, ou , ce qui est la même chose ,
2 fois plus $\frac{2}{3}$ de fois.

Ce qui précède suffit, pour mettre à même de faire avec facilité toutes les opérations qui peuvent se présenter sur les fractions.

Des proportions.

On entend par raison ou rapport le résultat de la comparaison de deux quantités.

Si on a pour objet de savoir combien l'une des quantités l'emporte sur l'autre, ce résultat s'appelle rapport arithmétique. Si l'on cherche combien de fois l'une contient l'autre, on l'appelle rapport géométrique. Nous ne nous occuperons que de ceux-ci, parce que leur application est d'un usage plus habituel. Ainsi si l'on compare les quantités 8 et 4, le nombre 2 qui indique combien la première contient la seconde, est la raison ou le rapport de ces deux quantités.

On dit que 4 quantités sont en proportion, lorsqu'elles sont telles que la première contient la seconde autant de fois que la troisième contient la quatrième. Les quatre quantités 12, 6, 8, 4, sont en proportion, parce que 12 contient 6 autant de fois que 8 contient 4. On a coutume de les écrire ainsi,

12 : 6 : 8 : 4 , c'est-à-dire 12 contient 6 comme 8 contient 4 , ou 12 est à 6 comme 8 est à 4. Les nombres 12 et 4 s'appellent les extrêmes d'une proportion ; ceux du milieu s'appellent les moyens. Les nombres 12 : 6 forment ce qu'on appelle la première raison de la proportion ; 8 : 4 composent la seconde.

On distingue les termes d'une proportion par premier , second , troisième , quatrième , en raison de la place qu'il occupe.

Chaque raison est composée de deux termes ; le premier qu'on appelle antécédent , et le second qu'on appelle conséquent. 12 est l'antécédent de la première raison; 4 est le conséquent de la seconde. Je place ici ces définitions , afin d'être facilement entendu , lorsque je me servirai de ces termes.

Principe.

Lorsque 4 quantités sont en proportion , le produit des moyens est toujours égal au produit des extrêmes. Il suit de là que, si trois des 4 termes d'une proportion sont donnés par l'énoncé d'une question, on trouvera toujours le quatrième , en multipliant les deux moyens , si c'est un extrême que l'on cherche, et en divisant ensuite par l'extrême connu , le quotient sera le terme cherché.

Démonstration.

Reprenons la proportion 12 : 6 : 8 : 4, que nous avions tout-à-l'heure ; il est clair que , si les antécédens étoient égaux aux conséquens dans chacune des raisons , c'est-à-dire si l'on avoit 12 : 12 : : 8 : 8 , il est évident , dis-je, que le produit des extrêmes seroit égal au produit des moyens , puisqu'on auroit, d'une part , 12 multiplié par 8., et de l'autre 8 multiplié par 12. Or, il est clair que l'égalité subsistera encore, si l'on divise ces deux produits par un même nombre , ou seulement l'un des deux facteurs conséquens. Si l'on remplace les conséquens 12 et 8 par les conséquens 6 et 4 qui sont dans la première proportion (ce qui est la même chose que si l'on divisoit le facteur 12 du premier produit par la raison, et le facteur 8 du second également par la raison), les produits 6 multiplié par 8 et 12 multiplié par 4 seront encore égaux ; ce qu'il faut démontrer.

Il est facile de voir que cela aura lieu, quels que soient les nombres qui composent la proportion.

Réciproquement si les quantités sont telles, que le produit de deux d'entre elles soit égal au produit des deux autres, les deux premières peuvent former les moyens d'une proportion dont les deux secondes seroient les extrêmes.

Conséquemment on peut, dans une proportion, changer les moyens et les extrêmes de place, mettre les moyens à la place des extrêmes, et réciproquement, sans qu'il cesse d'y avoir proportion, puisque les produits des extrêmes et des moyens seront toujours égaux.

C'est sur le principe que nous venons de démontrer, que sont fondées toutes les règles de trois, de société, d'intérêt, d'escompte, etc. dont nous parlerons par la suite, et qui sont d'un usage si fréquent dans la société. Il est donc important de se bien pénétrer de sa vérité, et de se familiariser avec lui. Les règles dont nous venons de parler n'en sont que de simples applications.

RÈGLE DE TROIS.

Proposons-nous d'abord cette question : 16 aunes de marchandise ont coûté 29 liv. , combien coûteront 45 aunes ? Il est clair qu'il faudra payer d'autant plus que la quantité de marchandise que l'on veut acheter sera plus considérable. Ainsi , si la quantité qu'on veut acheter est double , triple , etc., de celle qu'on a déjà , il faudra payer une somme double ou triple du prix de celle-ci. Les sommes sont donc entre elles comme des quantités de marchandise dont elles sont les prix. Elles forment donc avec elles des proportions. Or , trois de ces termes sont donnés par l'état de la question ; savoir : 16 aunes , 29 liv. 45 ; conséquemment , si l'on pose la proportion 16 : 45 :: 29 , il ne s'agira plus , pour avoir le prix de 45 aunes , que de trouver le quatrième terme de cette proportion. Or , nous avons démontré précédemment que , dans toute proportion, le produit des extrêmes est égal au produit des moyens : conséquemment , si l'on divise le produit des moyens par un des extrêmes , on aura l'autre pour quotient. Donc, si , dans l'exemple dont il s'agit , on multiplie l'un par l'autre les deux moyens 45 et 29 , et qu'on divise le produit par l'extrême connu 16 , on aura pour quotient le prix des 45 aunes.

Opération.

$$16 : 45 :: 29 :$$

$$
\begin{array}{r}
29 \\
\hline
405 \\
90 \\
\hline
1305 \\
25 \\
9 \\
20 \\
\hline
180 \\
20 \\
4 \\
12 \\
\hline
48
\end{array}
$$

16

81 l. 11 s. 5 d., prix des 45 aunes.

Ce qui donne 81 liv. 11 s. 3 d. pour prix des 45 aunes.

Pour s'assurer de l'exactitude de l'opération, il faut voir s'il y a proportion, c'est-à-dire si le produit des extrêmes est égal au produit des moyens. Or, 16 multiplié par 81 l. 11 s. 3 d. donne pour produit 1305 ; 45 par 29 donne également 1305. Donc l'opération est bonne, puisque les prix sont en proportion avec les quantités de marchandise qu'ils représentent. On auroit pu, après s'être assuré de l'exactitude du produit 1305, vérifier le quotient 81 l. 11 s. 3 d. par la règle ordinaire.

Deuxième opération.

27 toises d'ouvrage ont coûté 12 liv, 15 sous, combien 42 toises coûteront-elles ?

Il est clair que le prix des 42 toises contiendra 12 l. 15 s. prix des 27 toises autant de fois que 42 contient 27. Conséquemment, il sera le quatrième terme d'une proportion dont sont ceux-ci :

$$27 : 42 :: 12\ l.\ 15.\ s. :$$

Donc, si l'on multiplie 12 l. 15 s. par 42, et qu'on divise le produit par 27, on aura pour quotient le prix des 42 toises.

Opération.

27 : 42 :: 12 l. 15 s.
    42
    ———
    210
    42
    ———
    63|0
    ———
    31 l. 10 s.
    84
    42
    ———
    535 l. 10 s. ⎰27
    265   ⎱19 l. 16 s. 8 d.
    22   que coût. les 42 t.
    20
    ———
    450
    180
    18
    12
    ———
    36
    18
    ———
    216

Ce qui donne d'abord 19 l. et 22 de reste , qu'il faut multiplier par 20 pour réduire en sous , puis y ajoutant les 10 s. du dividende , vous continuez la division à l'ordinaire , et vous trouvez 19 l. 16 sous 8 den. pour prix de vos 42 toises.

La preuve se fait, comme nous l'avons dit, en s'assurant s'il y a proportion, c'est-à-dire si le produit des extrêmes est égal au produit des moyens.

On pose souvent ainsi la proportion. Si 27 toises coûtent 12 l. 15 s. combien coûteront 42 toises? Et on opère comme nous l'avons dit. Il est facile de voir que le quatrième terme sera toujours le même, puisqu'on ne fait que changer les moyens de place, ce qui ne change rien, comme nous l'avons vu. Seulement nous pensons qu'il est plus naturel de comparer les quantités de même espèce, et dire que 27 toises sont contenues dans 42 t. comme 12 l. 15 s. sont contenus dans un quatrième terme qu'il s'agit de trouver, et qui est le prix des 42 toises. Cependant cette manière de poser la règle de trois étant très-usitée, nous en donnerons quelques exemples. On sera toujours le maître d'adopter celle qu'on trouvera la plus commode ou la plus naturelle. L'observation que nous venons de faire n'a pour but que de montrer que l'on arrive au même résultat dans l'un et l'autre cas.

Troisième opération avec livres, sous et deniers.

Si 15 marcs d'argent coûtent
25 l. 15 s. 1 d. combien 35?

$$\begin{array}{r} 35 \\ \hline 35 \\ \hline 2 \text{ s. } 11 \text{ d.} \\ 175 \\ 35 \\ 52\,|\,7 \\ \hline 26 \text{ l. } 7 \text{ s. } 11 \text{ d.} \\ 125 \\ 75 \\ \hline 901 \text{ l. } 7 \text{ s. } 11 \text{ d.} \left\{ \begin{array}{l} 15 \\ \hline 60 \text{ l. } 1 \text{ s. } 10 \text{ d} \end{array}\right. \\ 1 \\ 20 \\ \hline 27 \\ 12 \\ 12 \\ \hline 24 \\ 12 \\ 11 \\ \hline 155 \\ 5 \end{array}$$

Pour

Pour faire cette opération , qui ne diffère de la deuxième que par les deniers , ce qui reste du dividende des sous , tels que 12 s. , vous les multipliez par 12 , ce qui vous donnera 144 , qui , avec 11 deniers du dividende, font 155 , que vous diviserez par 15 , diviseur de l'opération ; il reste 5 que vous négligez , et dont il faut tenir compte en faisant la preuve.

Sa preuve.

La preuve se fait comme nous l'avons dit plus haut.

Il arrive souvent que la question ne peut être immédiatement résolue par une règle de trois ; c'est ce qui arriveroit , par exemple , si l'on proposoit celle-ci :

Une marchandise a été achetée 324 l. elle a été revendue 397 l.; on demande combien on a gagné pour 100.

Il est évident que , si on soustrait de la somme 397 liv. qu'on l'a vendue, celle 324 , on aura le gain

        de   397 l.
        ôtez   324
        ____
        reste   73 liv. pour bénéfice.

8

Maintenant il est clair que le bénéfice pour cent sera contenu dans 73 liv.
autant de fois qu'il y a de fois 100 dans
324 ; ce sera donc le quatrième terme
de cette proportion , 324 : 100 :: 73 :
ou , ce qui est la même chose , le résultat de

Si 324 donnent 73 l. de bénéfice ,
combien   100 donneront-ils ?

$$\begin{array}{ll} 7300 & 324 \\ 820 & 22\ \text{l.}\ \ 10\ \text{s.}\ \ 7\ \text{d.} \\ 172 \\ 20 \\ \hline 5440 \\ 200 \\ 12 \\ \hline 400 \\ 200 \\ \hline 2400 \\ 132 \end{array}$$

Ce qui donne 22 l. 10 s. 7 d. de bénéfice pour 100.

La preuve se fait comme elle a été
indiquée.

RÈGLE DE TROIS INVERSE.

On appelle règle de trois inverse celle dans laquelle le nombre qu'il s'agit de trouver doit être d'autant plus petit que celui qui lui est lié immédiatement par l'état de la question est plus considérable.

Dans le premier exemple, nous avons vu que, plus le nombre d'aunes étoit grand, plus la somme qu'il falloit payer devoit être grande ; le prix croît donc comme le nombre d'aunes qu'il faut acquitter (c'est ce qu'on appelle une règle de trois directe) ; mais s'il s'agissoit de résoudre une question telle que celle-ci : on a tiré 150 exemplaires d'un ouvrage ; chaque exemplaire contient 12 feuilles , combien a-t-on employé de rames de papier de 500 feuilles chacune? il est clair, dans ce cas-ci , que le nombre de rames qu'il s'agit de trouver est d'autant plus petit qu'elles contiennent un plus grand nombre de feuilles , il sera donc contenu dans 1500 autant de fois que 12 est contenu dans 500. Conséquemment on le trouvera , en calculant le quatrième terme de cette proportion.

8..

$$500 : 12 :: 1500$$

$$\begin{array}{r} 12 \\ \hline 5000 \\ 1500 \\ \hline \end{array}$$

$$\left.\begin{array}{r} 18000 \\ 3000 \end{array}\right\} \begin{array}{l} 500 \\ \overline{\hspace{0.5em}36 \text{ rames.}} \end{array}$$

$$000$$

Ce qui donne 36 rames pour résultat.

On peut se convaincre immédiatement de la marche que nous avons suivie. En effet , si l'on multiplie le nombre 1500 exemplaires par le nombre de feuilles contenues dans chacun d'eux , il est clair qu'on aura le total des feuilles employées ; maintenant il y a 500 feuilles dans chaque rame : donc si on divise le nombre total de feuilles par 500 , on aura le nombre des rames. C'est précisément ce que nous avons fait.

RÈGLE DE COMPAGNIE.

On appelle règle de compagnie celle qui a pour objet de déterminer le gain en la perte de plusieurs associés, en raison de la somme qu'ils ont versée dans la caisse de la société.

Exemple.

Trois marchands ont formé un fonds sur lequel ils ont profité de 8425 liv.

Le premier a mis . . 25 liv.
Le second a mis . . . 64
Le troisième a mis . . 59

On demande combien il leur revient à chacun en raison de leur mise.

Ajoutez ensemble toutes les mises, vous aurez 148 liv.

La question est donc celle-ci :

1°. 148 ont rapporté 8425 l., combien n 25 rapporteront-ils ? Le résultat donnera la part du premier.

2°. 148 l. ont donné 8425 de bénéfice, combien donneront 64? Le résultat sera la part du second.

3°. 148 ont donné 8425, combien 59 ? On aura la part du troisième.

Si l'opération est bonne, la somme de toutes les parts doit être égale au gain qui est ici 8425 liv.

8...

Première opération.

Premier associé.

Si 148 donnent 8425 l. combien 25 ?

$$25$$

$$42125$$
$$16850$$

$$210625 \big\{ 148$$
$$626 \quad \big\{ 1423 \text{ l. } 2 \text{ s. } 10 \text{ d.}$$
$$342$$
$$465$$
$$21$$
$$20$$

$$420$$
$$124$$
$$12$$

$$248$$
$$124$$

$$1488$$

8 d. restans à join-
dre au 2ᵉ. associé.

Deuxième associé.

Si 148 l. donnent 8425 l. combien 64 ?

$$64$$

$$53700$$
$$50550$$

$$539200 \left\{ 148 \right.$$
$$952 \quad \overline{36431.\,4\,s.\,10\,d.}$$
$$640$$
$$480$$
$$36$$
$$20$$

$$720$$
$$128$$
$$12$$

$$256$$
$$1288$$

$$1544$$

64 den. restans à
joindre au 3ᵉ. associé.

Troisième associé,

Si 148 l. donnent 8425 l. combien 59 ?

59

———

75825
42125

———

497075 ⟩ 148
530 ⟩ 3358 l. 12 s. 4 d.
867
1275
91
20

———

1820
340
44
12

———

88
44
64

———

592

Sa preuve,

La preuve se fait en additionnant ensemble les parts de chaque associé, dont
le produit doit égaler la somme totale
du profit, sans reste.

(93)

Opération.

Le 1er aura pour sa part 1423 l. 2 s. 10 d.
Le 2e. 3643   4   10
Le 3e. 3358 12   4
                                 ─────────────
                        8425 l. 0   0

Il arrive souvent qu'un ou plusieurs associés retirent , après un certain temps, en tout ou en partie, la somme qu'ils ont versée , ou qu'ils n'entrent dans la société qu'après qu'elle a été formée. Or , il est clair que , dans ce cas, on doit considérer non seulement la somme qu'ils ont versée dans la caisse, mais encore le temps que cette somme a été à la disposition de la société.

Supposons, par exemple , qu'il s'agit de trouver les parts qui reviennent à trois associés qui ont gagné 517 liv. au moyen des sommes suivantes.

Le premier a mis 54 l. qui sont restées pendant six mois.

Le second a mis 38 l. qui sont restées pendant onze mois.

Enfin le troisième a mis 49 l. pendant un an.

On ne peut , dans ce cas, déterminer la part de chacun immédiatement par une règle de trois , il faut auparavant ramener les mises à une même unité de temps. Or, on y parviendra, en observant que 54 l. restées pendant 6 mois à la société, sont la même chose que 6 fois 54 l. ou 324 l. qui ne seroient restées que pendant un mois;

Que 38 l. pendant 11 mois sont la même chose que 11 fois 38 ou 418 l. pendant 1 mois ;

Enfin, que 49 livres, pendant 1 an, équivalent à 588 l. pendant 1 mois. La question est donc réduite à celle-ci :

Trois associés ont mis,

Le 1er. . 324 liv.
Le 2e. . . 418   } pendant un mois.
Le 3e . . 588

Ils ont gagné, pendant ce temps, 517 l., combien revient-il à chacun? Ce qui rentre dans le premier exemple que nous avons fait.

Ces deux exemples suffisent pour mettre à portée de faire toutes les règles de compagnie qui peuvent se présenter, quelque compliquées qu'elles paroissent d'abord ; on pourra toujours, avec un peu d'attention, les ramener, comme nous l'avons fait tout-à-l'heure, au cas du 1er. exemple.

Ils doivent encore faire sentir combien il est important de se bien pénétrer des propriétés des proportions que nous avons exposées plus haut ; toutes les règles que nous avons faites jusqu'ici, et celles qui vont suivre, n'étant elles-mêmes autre chose que des proportions.

RÈGLE DE TROC ou D'ÉCHANGE.

Cette règle appartient également aux marchands.

Troquer ou échanger, c'est donner une marchandise pour une autre, suivant convention de surplus en sus de la marchandise.

Exemple.

Un marchand a du drap qu'il veut vendre, argent comptant, 13 l. 10 sous l'aune, ou bien troquer avec une autre marchandise.

L'autre a du velours qu'il veut vendre, argent comptant, 7 l. 4 s. l'aune, et en troc 7 l. 18 s.

Combien le marchand de drap doit-il vendre son drap en troc, à raison de 13 l. 10 s. l'aune comptant, sur ce que l'autre augmente de 14 s. en troc ?

D'abord réduisez en sous les deux premiers prix de velours, qui sont con-

nus , savoir 7 l. 4 s. argent comptant , et
7 l. 18 s. en troc.

Ensuite réduisez en sous le seul prix
du drap , qui est 13 l. 10 s. argent comptant ; maintenant , afin de savoir ce que
l'on doit payer en troc , dites par une
règle de trois.

Si 144 s. produit des 7 l. 4 s. donnent
158 s. produit des 7 l. 18 s. , combien
270 s. produit des 13 l. 10 s. ?

Opération.

Si 144 s. donnent 158, combien 270 ?

$$
\begin{array}{r}
270 \\
\hline
11060 \\
316 \\
\hline
42660 \\
1386 \\
900 \\
36 \\
12 \\
\hline
72 \\
36 \\
\hline
432
\end{array}
\qquad
\begin{cases}
144 \\
\hline
296 \text{ s. } 3 \text{ d.}
\end{cases}
$$

Cette opération ainsi faite , vous trouvez 296 s. 3 d. , qui est le prix que le
marchand doit vendre son drap ; cela
ainsi fait , réduisez les 296 s. 3 den. en
livres ,

livres , il viendra 14 livres 16 sous
3 deniers.

29|6 s. 3 den.
———————————
14 l. 16 s. 3 d. prix du drap.

Sa preuve.

Elle se fait par une règle de trois.

~~~~~~~~~~~~~~~~~~~~~~~~~~~~~~~~~~~

RÈGLE D'INTÉRÊT.

L'intérêt est une somme que l'on
retient sur une autre somme prêtée ou
avancée ; cette règle se fait par tous
les marchands, banquiers ou agens-de-
change.

Soit proposé de trouver l'intérêt de
4971 l. à raison de 8 $\frac{1}{3}$ pour cent , dites
en général :

Si 100 l. doivent 8 l. $\frac{1}{3}$, combien de-
vront 4971 l. ?

Dans ce cas , où l'intérêt 8 $\frac{1}{3}$ est le
douzième de 100 , on obtiendra de suite
celui de 4971 l. en prenant le douzième
de cette somme , ou , ce qui revient au
même , en prenant d'abord le quart ,
puis ensuite le tiers de ce quart.

4971 l.
1242   15 s. le quart.
414   5   le tiers ou mon-
                tant de l'intérêt.

9
~~~~~~~~~~~~~~~~~~~~~~~~~~~~~~~~~~~

RÈGLE DU CHANGE.

Le change est un profit que l'on tire d'une somme remise par lettre de change ou en argent comptant, mais pour un temps limité.

Elle se fait par une règle de trois.

Exemple.

Il est dû le change ou intérêt à raison de 6 $\frac{1}{4}$ pour cent de la somme de 3843 liv. ; ainsi dites :

Opération.

Si 100 donnent 6 l. $\frac{1}{4}$, combien 3843 ?

$$3843$$

$$23058$$
$$960 \text{ l. } 15 \text{ s.}$$

$$24018 \text{ l. } 15 \text{ s.} \begin{cases} 100 \\ 240 \text{ l. } 3 \text{ s. } 9 \text{ d.} \end{cases}$$
$$40$$
$$18$$
$$20$$

$$375$$
$$75$$
$$12$$

$$150$$
$$75$$
$$900$$

RÈGLE D'ESCOMPTE.

L'escompte est un profit qu'on déduit d'une somme due, en venant payer comptant, avant l'échéance ou le terme que l'on devoit payer, qui est un temps limité.

Supposons qu'il soit question d'escompter la somme de 13,320 l. à raison de 12 $\frac{1}{2}$ pour 100.

L'usage étant de rabattre l'escompte dans le cent, dites :

Si sur cent on diminue 12 $\frac{1}{2}$, combien sur 13,320 diminuera-t-on ? vous aurez ainsi le profit de l'escompte : retranchant cette somme de 13,320, on aura celle qui doit être payée. On auroit pu la trouver immédiatement en disant, si 100 se réduisent à 87 $\frac{1}{2}$, à combien se réduiront 13,320 ?

Dans le cas particulier où l'escompte 12 $\frac{1}{2}$ est le huitième de 100, on peut trouver de suite le profit de l'escompte en divisant pas 8 la somme proposée.

$$
\begin{array}{l}
13320 \quad \big\lbrace \ 8 \\
53 \quad \big\rbrace \ \overline{\ 1665 \ \text{l.}} \\
52 \\
40
\end{array}
$$

RÈGLE DE TARE.

On se sert de cette règle , lorsqu'il arrive qu'une marchandise est gâtée, ou qu'elle est enveloppée de toile , cordes, caisse , etc. , pour le poids desquelles il faut faire la diminution d'autant de poids qu'il s'en trouve ; ce qu'on évalue à certain nombre de livres par cent.

Exemple.

Une balle de marchandise est du poids de 468 livres , ôtez 7 pour cent de tare , combien restera-t-il ?

Opération.

Dites par une règle de trois :

Si 107 l. ne valent que 100 l., combien 468 l. vaudront-elles ?

Votre opération faite , il viendra 437 l. 6 onces.

Si la tare se prend dans le cent , il faut dire : si 100 se réduisent à 93, à combien 468 se réduiront-ils ?

RÈGLE D'ALLIAGE.

La règle d'alliage a pour objet de trouver le prix moyen de plusieurs marchandises que l'on veut mélanger ensemble , connoisssant le prix de chacune en particulier.

Exemple.

Un marchand a quatre espèces de marchandises ; savoir : de la céruse, du blanc de plomb, de la potasse et de l'orpin ; il veut les mélanger dans les proportions suivantes pour en faire une composition.

32 l. de céruse, à . . . . 15 s.
11 l. blanc de plomb, à . . 13
15 l. potasse, à. 6
12 l. orpin, à. 2
____
70 l.

On demande combien il doit vendre ce nouveau composé ?

Je multiplie d'abord le nombre de livres de chaque objet par leur prix, afin d'avoir celui de chaque objet en particulier.

Premier article.	*Deuxième article.*
32 l.	11 l.
à 15 s.	à 13 s.
_____	_____
160	33
32	11
_____	_____
480 s.	143 s.

Troisième article.	*Quatrième articl.*
15 l.	12 l.
à 6 s.	à 2 s.
_____	_____
90 s.	24 s.

9...

Cela fait, j'additionne ensemble ces quatre prix, ce qui me donne le prix total; ajoutant ensuite le nombre de livres pour avoir le poids total de la composition, je divise ce prix total par le poids total, ce qui me donne le prix particulier de chaque livre.

1er. article 480 s.
2e. 143
3e. 90
4e. . . . 24
____

Total 737 s.
Ensuite je divise
737 s. par { 70
____
{ 10 s. 6 den.

prix auquel lui revient la livre.

~~~~~~~~~~~~~~~~~~~~~~~~~~~~~~

RÈGLES DU CENT et DU MILLE.

Les règles du cent et du mille se font en général en multipliant le prix de chaque unité par cent ou par mille; mais lorsque ce prix est donné en sous, on peut obtenir immédiatement le prix du cent en livres, en multipliant le nom-
~~~~~~~~~~~~~~~~~~~~~~~~~~~~~~

bre de sous par 5. En effet, si l'on mul-
tiplioit par 100, on auroit en sous le
prix des 100, qu'il faudroit diviser par
20, pour le réduire en livres ; ce qui
est la même chose que si l'on avoit tout
de suite divisé par 20 le nombre cent
par lequel il faut multiplier, c'est-à-
dire ne multiplier que par 5.

Exemple.

à 37 s. la chose, combien
   5   le cent pesant ?
——————————————
185 livres.

S'il falloit trouver le prix des mille,
il faudroit multiplier par 50, attendu
que le mille est 10 fois plus grand que
le cent.

Il est inutile d'observer que l'on ne
peut se servir de cette règle, qu'autant
que les prix de l'unité sont donnés en
sous. S'ils n'y étoient pas, s'il y avoit,
par exemple, 5 l. 17 sous, il faudroit
auparavant les réduire en sous, ou les
multiplier tout de suite par 100, comme
nous l'avons dit.

DES
NOUVELLES MESURES,

Et de l'avantage résultant de leur uniformité et de leur subdivision en parties décimales.

Nous avons dit que l'unité étoit une grandeur arbitraire qu'on prenoit pour mesurer les quantités de mêmes espèces. Si cette unité avoit été la même dans tous les lieux, les anciennes mesures n'auroient eu aucun autre inconvénient que celui résultant de la diversité de leurs divisions ; mais elles avoient encore le désavantage, bien qu'elles portassent le même nom, et qu'elles fussent destinées au même usage, d'être bien différentes pour chaque lieu en particulier, de sorte que celui qui achetoit des marchandises dans un lieu pour les vendre dans un autre, étoit obligé de les rapporter à une commune mesure, au moyen de tables de comparaison qu'il avoit à cet effet. Ainsi, indépendamment des calculs qu'entraînoit cette transformation, des tables de rapports qu'elles nécessitoit pour soulager, elle exposoit encore à commettre des erreurs.

Un inconvénient aussi grave étoit généralement senti; et on y eût sans doute remédié depuis long-temps, sans l'extrême difficulté qu'on éprouve à introduire tout ce qui ne s'accorde point avec nos habitudes. Enfin la Convention nationale décréta qu'on établiroit l'uniformité de poids, de mesures, etc. dans toute l'étendue de la république française. Restoit à déterminer quelle seroit l'unité que l'on adopteroit pour chaque espèce de mesure. La difficulté où l'on est quelquefois d'établir le rapport entre les mesures des anciens et les nôtres, et conséquemment d'avoir une idée des grandeurs qu'ils nous ont transmises, fit sentir la nécessité d'adopter pour unité principale une grandeur qu'on pût retenir dans tous les temps. Or, cette grandeur invariable ne pouvoit évidemment se trouver que dans la nature ; c'est pourquoi on convint d'adopter pour unité de mesure linéaire la dix-millionième partie du quart du méridien de la terre ou la quarante-millionième partie de son contour. On a donné à cette unité principale le nom de mètre qui signifie mesure. On a rendu les au-

tres invariables comme elle, en les faisant dépendre de celle-ci. Nous verrons
ci-après les relations qu'elles ont entre
elles.

L'uniformité des mesures étant ainsi
établie d'une manière invariable, il
restoit encore à déterminer la manière
la plus simple et la plus commode de
subdiviser l'unité principale. Or, on
sait qu'indépendamment de la difficulté
résultant de la diversité des mesures,
selon les différens pays, il en existoit
une considérable qui rendoit les calculs
extrêmement difficiles, et qui consis-
toit dans la difformité des divisions que
l'on avoit adoptées. En effet il falloit à
chaque instant se rappeler que la toise
étoit divisée en 6 pieds, le pied en 12
pouces, le po. en 12 lignes, la lig. en 12
points ; que l'aune étoit divisée en demi-aune, quarts,etc. ; que la livre l'étoit
en 16 onces, l'once en 8 gros, le gros
en 72 grains, etc. Ce qui fatiguoit la
mémoire, et exposoit sans cesse à commettre des erreurs, en tant que ces divisions varioient comme l'espèce d'u-
nité qu'on avoit à calculer. Il étoit donc
important de fixer le nombre qui indi-
queroit en combien de parties chaque
unité principale seroit divisée, de ma-

nière qu'il fût le même pour toutes,
et qu'il se portât le plus facilement aux
calculs Or, le nombre 10 est, sans
contredit, celui qui est le plus commode dans le système de la numération
qui est généralement adopté. Si l'on
avoit adopté 12 caractères différens,
pour représenter tous les nombres,
et qu'on fût convenu que tout chiffre
placé à la droite d'un autre le rendroit
12 fois plus fort, c'est le nombre 12
qu'il auroit fallu prendre. Ces divisions de l'unité ont été appelées décimales.

Pour évaluer en décimales toutes les
fractions de l'unité, on conçoit que l'u-
nité principale est divisée en 10 parties
que l'on appelle dixièmes. On les représente par les mêmes chiffres que les
unités, et pour ne point les confondre
avec elles, on les place à leur droite, et
on les en sépare par une virgule. Ainsi,
pour marquer trois unités quatre dizaines, on écrit 3,4. Il faut faire attention de ne point négliger à écrire la virgule, sans quoi on ne pourroit plus distinguer les unités entières des fractions
décimales.

Maintenant on peut regarder de même les dixièmes comme des unités com-

posées de dix autres plus petites, et conséquemment cent fois plus petites que l'unité principale, et auxquelles on a donné le nom de centièmes, et qu'on placera par analogie à la droite des dixièmes. Ainsi pour marquer trois unités, quatre dixièmes et six centièmes, on écrira 3,46.

En continuant de subdiviser de la même manière ces fractions successives, on formera ainsi les millièmes, dix-millièmes, qu'on placera, suivant leur grandeur, dans des rangs plus ou moins reculés à la droite de la virgule.

La manière d'énoncer ces espèces de nombres est la même que par les nombres entiers; il suffit, après avoir la ceux qui sont à la gauche de la virgule, d'énoncer ceux qui sont à droite, en ajoutant le nom des décimales ou des chiffres. Ainsi pour énoncer 34,526, on dira trente-quatre unités, cinq cent vingt-six millièmes.

En effet, le chiffre 5 marque cinq dixièmes ou cinquante centièmes ou 500 millièmes; le chiffre 2 marque 2 centièmes ou 20 millièmes; enfin, le chiffre 6 marque six millièmes. Le nombre 34,526 marque donc 34 unités plus 5 dixièmes, plus 2 centièmes, plus

6 millièmes

6 millièmes; ou 34 unités plus cinq cent vingt-six millièmes.

Si l'on n'avoit à écrire que des décimales , alors il faudroit mettre un zéro à la place des unités qu'on sépareroit par une virgule des quantités décimales. Ainsi , si l'on avoit à écrire 34 centièmes, on mettroit 0,34. Enfin s'il n'y avoit point de dixièmes, il faudroit mettre à la place du chiffre qui les représente un zéro, afin de donner aux centièmes leur véritable valeur , attendu qu'ils doivent toujours occuper le second rang à droite de la virgule. Ainsi, quatre centièmes s'écrivent par 0,04.

Nous allons examiner maintenant quels sont les changemens qui peuvent résulter dans un nombre par le simple déplacement de la virgule.

Nous venons de voir que la grandeur des décimales dépendoit du rang qu'elles occupoient relativement à la virgule. Il suit de là que , si on avance la virgule d'un chiffre vers la droite, on rendra le nombre dix fois plus fort. En effet , les unités deviendront des dizaines, les dizaines des centaines, etc. les dixièmes deviendront des unités , les centièmes des dixièmes, les milliè-

mes des centièmes , et ainsi de suite.
Ainsi 345,26 est dix fois plus fort que
34,526. En effet chaque partie est 10
fois plus forte que dans celui-ci. Par la
même raison , le déplacement de la
virgule de 2 ou 3 chiffres vers la droite
rendra le nombre 100 fois ou mille
fois plus grand ; et réciproquement le
déplacement de la virgule d'un , deux
ou trois chiffres , rendra le nombre dix
fois , ou cent fois plus petit , puisque
toutes les parties deviendront 10 fois ,
ou 100 fois , ou mille fois plus petites.
Il suit de là que , pour multiplier un
nombre par 10 , par 100 , etc. , il suffit
d'avancer la virgule d'un ou deux chiffres vers la droite : il faut faire le contraire pour le diviser.

Nous terminerons cet article sur les
décimales , en faisant voir qu'on n'en
change point la valeur , quel que soit
le nombre des zéros qu'on ajoute à la
droite. Ainsi 3,45 est la même chose
que 3,450. En effet , 4 dixièmes est la
même chose que 40 centièmes ou 400
millièmes ; 5 centièmes est la même
chose que 50 millièmes : donc 45 centièmes est égal à 450 millièmes.

Avant de nous occuper du calcul des
quantités décimales, nous allons exposer

succinctement la désignation des poids
et mesures généralement adoptées, et
nous indiquerons non seulement les
rapports qu'elles ont avec le mètre sur
lequel elles sont basées, mais encore
avec celles dont on se servoit avant elles.

Du rapport des nouvelles mesures avec les anciennes.

Il y a cinq sortes de nouvelles mesures, le mètre, le litre, le gramme,
le stère et l'are, qui remplacent les anciennes, comme il suit : le mètre remplace toutes les mesures linéaires ou de
longueur, telles que la toise et l'aune.

Le litre remplace toutes les mesures
de capacité tant pour les liquides que
pour les matières sèches ; il tient lieu
de la pinte et du litron. Sa grandeur
est celle du décimètre cube.

Le gramme remplace toutes les espèces de poids. Il est égal au poids d'un
centimètre cube d'eau distillée, pesée à
la température de la glace fondante.

Le stère remplace les mesures pour
le bois de chauffage, c'est le mètre cube.

L'are remplace les mesures agraires,
telles que l'arpent, la perche, etc. ; c'est
un carré qui a dix mètres de côté et qui

contient conséquemment cent mètres carrés.

DU MÈTRE.

Le mètre est, comme j'ai dit plus haut, l'étalon général de toutes les mesures, et l'unité principale sur laquelle elles sont basées ; il est composé de la dix-millionième partie du quart du méridien de la terre ; son contenu est d'une aune moins un sixième à peu près, il tient lieu de la toise et de l'aune, il remplace toutes les mesures linéaires, ou de longueur.

Le mètre a une infinité de subdivisions, qui toutes décroissent de dix en dix, suivant le systême de numération. Le déci-mètre, le centi-mètre et le milli-mètre sont les seuls dont on se sert pour les usages ordinaires de la société.

Le déci-mètre signifie dixième partie du mètre.

Le centi-mètre exprime la centième partie du mètre.

Le milli-mètre, sa millième partie.

Les multiples du mètre sont le déca-mètre, l'hecto-mètre, le kilo-mètre et le myria-mètre.

Le déca-mètre contient dix mètres ; il tient lieu de la chaîne d'arpentage.

L'hecto-metre contient cent mètres.

Le kilo-mètre contient mille mètres, ou cinq cent treize toises.

Le myria-mètre, dix mille mètres, ou 5130 toises environ.

DU LITRE.

Le litre est l'unité principale de toutes les mesures de capacité ; il sert à mesurer toutes les marchandises liquides ou sèches, telles que le vin , les grains , etc. Il contient un déci-mètre cube ; tel seroit un dé à jouer qui auroit un déci-mètre en tout sens.

Il y a deux sortes de mesures de capacité en usage , qui sont le kilo-litre , et le litre.

Le kilo-litre sert pour les grands mesurages ; il contient mille litres.

Le litre , qui remplace le litron et la pinte , contient une pinte plus un vingtième.

Les subdivisions du litre en usage , sont : le déci-litre et le centi-litre. On ne tient point compte des autres , à cause de leur petitesse et du peu de valeur des choses que l'on mesure le plus ordinairement.

Le déci-litre , ou dixième partie du litre , remplace le poisson.

Le centi-litre, ou centième partie du litre, remplace le petit-verre ou mesurette.

Les autres mesures qui dérivent du litre sont l'hécto-litre et le déca-litre.

L'hecto-litre remplace la mine ou le minot; il contient 100 litres.

Le déca-litre remplace le boisseau ; il contient dix litres.

DES MESURES AGRAIRES.

Les mesures agraires sont celles qui servent à mesurer les terres.

On appelle are la mesure dont on se sert pour cette opération.

L'are est l'unité principale à laquelle on compare toutes les mesures de ce genre. Il contient cent mètres carrés, un peu moins de trois perches de 18 pieds.

Les subdivisions sont de trois espèces différentes : le déci-are, le centi-are et le milli-are.

Il y a encore d'autres dénominations dans les mesures agraires, qui sont : le myri-are, le kil-are et l'hectare. Ce dernier contient 2 arpens 92 perches 5 dixièmes de perches de 18 pieds ; mais, pour éviter la multiplicité de la subdivision, on n'a conservé que l'hectare, qui vaut 100 ares, l'are, qui vaut 100 centiares, et le centiare.

DES MESURES DU BOIS DE CHAUFFAGE.

Pour mesurer le bois de chauffage, on se sert du stère et du double stère.

Le stère contient un peu plus d'une demi-voie ancienne ; on peut en compter deux pour une voie.

Le double stère contient une voie plus un vingt-cinquième.

DES POIDS.

Il y a cinq sortes de poids, qui sont : le myria-gramme, le kilo-gramme, l'hecto-gramme, le déca-gramme et le gramme.

L'unité de ces poids est le gramme.

Voici le rapport qu'ils ont avec les anciens.

Le myria-gramme tient la place du poids de vingt-cinq livres; il pèse vingt livres six onces sept gros.

Le kilo-gramme tient la place de la livre pesante ; son poids est de deux livres cinq gros trente-trois grains.

L'hecto-gramme tient la place du quarteron ; il pèse trois onces deux gros dix grains et demi.

Enfin le gramme, qui est le plus petit, sert à peser les matières d'or et d'argent ; son poids est un peu plus de dix-huit grains.

Le gramme a trois subdivisions, qui sont : le déci-gramme, pesant environ 2 grains ; le centi-gramme, environ un 5e. de grain, et le milli-gramme, un peu moins que le 50e. d'un grain.

DES MONNOIES,

On entend par monnoies des pièces d'or, d'argent et de cuivre dont on se sert pour payer les acquisitions que l'on a faites.

La monnoie se divise en francs, décimes et centimes. Mais de toutes les monnoies anciennes, celle dont la valeur approche le plus du franc, est la livre monétaire, qui vaut un franc moins un centime.

L'unité monétaire est le franc.

Les décimes remplacent les pièces de deux sous anciennes ; il en faut 10 pour un franc. Les centimes remplacent les deniers anciens ; il en faut 5 pour former 1 sou, et cent pour former un franc,

VALEUR

Des nouvelles mesures avec les anciennes.

De l'aune en mètres.	m.	c.m.
1 aune vaut.	1	19
2.	2	38
3.	3	56
4.	4	75
5.	5	94
6.	7	13
7.	8	32
8.	9	51
9.	10	70
10.	11	88

Ses fractions.

	c. m.	mm.
$\frac{1}{2}$	59	4
$\frac{1}{4}$	29	7
$\frac{1}{8}$	14	8
$\frac{1}{16}$	07	4
$\frac{1}{32}$	03	7
$\frac{1}{3}$	39	6
$\frac{1}{6}$	19	8
$\frac{1}{12}$	09	9
$\frac{1}{24}$	05	0

De la toise en mètres.

		m.	c. m.
1 toise.		1	95
2.		3	90
3.		5	85
4.		7	80
5.		9	74
6.		11	69
7.		13	64

Des pieds en décimètres.

		di.	mm.
1 pied.		3	25
2.		6	50
3.		9	75
4.		12	99
5.		16	24
6.		19	49
7.		22	74
8.		25	99
9.		29	24
10.		32	49
11.		35	74

Des pouces en centimètres.

		c. i.	mm.
1 pouce.		2	7
2.		5	4
3.		8	1
4.		10	8

	c. i.	mm
5 pouces.	13	5
6.	16	2
7.	18	9
8.	21	0
9.	24	7
10.	27	0
11.	29	8

De l'arpent de Paris, contenant 100 perches (et la perche 18 pieds), en hectares, ares et centiares.

	h. a.	are.	c. a.
1 arpent vaut. . . .		34	19
2.		68	38
3.	1	02	57
4.	1	36	75
5.	1	70	94
6.	2	05	13
7.	2	39	32
8.	2	73	51
9.	3	07	70
10.	3	51	89

Arpent de 20 pi. pour perche.

	h. a	are.	c. a.
1 arpent.	0	42	20
30.	4	22	05

Arpent de 22 pieds pour perche.

	h. a.	are.	c. a.
1 arpent.	0	51	05
10	5	10	50

Acre commune de Normandie, composée de 160 perches, et la perche de 22 pieds.

	h. a.	are.	c. a.
1 acre.	0	81	71
10.	8	17	10

Lieues de poste ou de 2000 toises, en myriamètres, kilomètres et hectomètres.

	mym.	km.	hm.
1 lieue.	0	3	9
2.	0	7	8
3.	1	1	7
4.	1	5	6
5.	1	9	4
6.	2	3	4
7.	2	7	3
8.	3	1	2
9.	3	5	1
10.	3	9	0
Un quart de lieue. . .	0	0	10
Une demi-lieue. . . .	0	1	9

Lieues

Lieues de 25 au degré.

	mym.	km.	hm.
1.	0	4	4
2.	0	8	9
3.	1	3	3
4.	1	7	8
5.	2	2	2
6.	2	6	7
7.	3	1	1
8.	3	5	6
9.	4	0	0
10.	4	4	4
Un quart de lieue.	0	1	1
Une demi-lieue.	0	2	3

Des livres en kilogrammes.

	kilo.	h. g.	g.
1 livre.	0	4	89
2.	0	9	79
3.	1	4	68
4.	1	9	58
5.	2	4	47
6.	2	9	37
7.	3	4	26
8.	3	9	16
9.	4	4	05
10.	4	8	95

Des onces en décagrammes.

	d. a.	d. i.
1 once.	3	o6
2.	6	12
3.	9	18
4.	12	24
5.	15	3o
6.	18	36
7.	21	4t
8.	24	47
9.	27	53
10.	3o	59

Des gros en grammes.

	gr.	c. i.
1 gros.	3	8₂
2.	7	65
3.	11	47
4.	15	3o
5.	19	12
6.	22	95
7.	26	77

Des grains en décigram.

	di.	m. g.
1. grain.	0	53
2.	t	o6
3.	1	59
4.	2	12
5.	2	66

	d. i.	m.g.
6 grains.	3	19
7.	3	72
8.	4	25
9.	4	78
10.	5	31

Des pintes de Paris en litres.

	lit.	ci. l.
1 pinte	0	93
2.	1	86
3.	2	79
4.	3	73
5.	4	66
6.	5	59
7.	6	52
8.	7	45
9.	8	38
10.	9	31

Des boisseaux de Paris en hectolitres, litres et centilitres.

	h. o.	lit.	c. i.
1 boisseau.	0	13	0
2.	0	26	01
3.	0	39	02
4.	0	52	02
5.	0	65	03
6.	0	78	04

11..

	h. o.	lit.	c.i.
7 boisseaux	0	91	.05
8.	1	04	06
9.	1	17	07
10.	1	30	08
11.	1	43	08
12 ou un setier. . . .	1	56	09
1 litron.	0	0	81
4.	0	3	25
8.	0	6	50

Voies de bois de Paris, en stères.

	st.	c.i.
1 voie.	1	92
2 ou une corde	3	84
3.	5	76
4.	7	68
5.	9	60
6.	11	52
7.	13	44
8.	15	36
9.	17	28
10.	19	19

Tableau comparatif des sous et deniers en centimes.

1 d. vaut. . 0 c.		7 d. valent . 3 c.	
2 1		8 3	
3 1		9 4	
4 2		10 4	
5 2		11 5	
6 3		12 5	

1 sou vaut . 5 c.		11 s. valent . 55 c.	
2 10		12 60	
3 15		13 65	
4 20		14 70	
5 25		15 75	
6 30		16 80	
7 35		17 85	
8 40		18 90	
9 45		19 95	
10 50		20 s. ou 1 fr. 100	

RAPPORT *de la livre tournois au franc, depuis* 1 *liv. jusqu'à* 1000 *francs.*

l.	f.	c.	l.	f.	c.
1	0	99	25	24	69
2	1	98	26	25	68
3	2	96	27	26	67
4	3	95	28	27	65
5	4	94	29	28	64
6	5	93	30	29	63
7	6	91	31	30	62
8	7	90	32	31	60
9	8	89	33	32	59
10	9	88	34	33	58
11	10	86	35	34	57
12	11	85	36	35	56
13	12	84	37	36	54
14	13	83	38	37	53
15	14	81	39	38	52
16	15	80	40	39	51
17	16	79	41	40	49
18	17	78	42	41	48
19	18	77	43	42	47
20	19	75	44	43	46
21	20	74	45	44	44
22	21	73	46	45	43
23	22	72	47	46	42
24	23	70	48	47	41

l.	f.	c.	l.	f.	c.
49	48	40	78	77	04
50	49	38	79	78	02
51	50	37	80	79	01
52	51	36	81	80	00
53	52	35	82	80	99
54	53	33	83	81	97
55	54	32	84	82	96
56	55	31	85	83	95
57	56	30	86	84	94
58	57	28	87	85	93
59	58	27	88	86	91
60	59	26	89	87	90
61	60	25	90	88	89
62	61	23	91	89	88
63	62	22	92	90	86
64	63	21	93	91	85
65	64	20	94	92	84
66	65	19	95	93	83
67	66	17	96	94	81
68	67	16	97	95	80
69	68	15	98	96	79
70	69	14	99	97	78
71	70	12	100	98	77
72	71	11	200	197	55
73	72	10	300	296	50
74	73	09	400	395	06
75	74	07	500	493	83
76	75	06	1000	987	65
77	76	05			

RAPPORTT *du franc à la livre*
tournois.

f.	l.	s.	d.	f.	l.	s.	d.
1	1	0	3	27	27	6	9
2	2	0	6	28	28	7	0
3	3	0	9	29	29	7	3
4	4	1	0	30	30	7	6
5	5	1	3	31	31	7	9
6	6	1	6	32	32	8	0
7	7	1	9	33	33	8	3
8	8	2	0	34	34	8	6
9	9	2	3	35	35	8	9
10	10	2	6	36	36	9	0
11	11	2	9	37	37	9	3
12	12	3	0	38	38	9	6
13	13	3	3	39	39	9	9
14	14	3	6	40	40	10	0
15	15	3	9	41	41	10	3
16	16	4	0	42	42	10	6
17	17	4	3	43	43	10	9
18	18	4	6	44	44	11	0
19	19	4	9	45	45	11	3
20	20	5	0	46	46	11	6
21	21	5	3	47	47	11	9
22	22	5	6	48	48	12	0
23	23	5	9	49	49	12	3
24	24	6	0	50	50	12	6
25	25	6	3	60	60	15	0
26	26	6	6	70	70	17	6

f.	l.	s.	d.	f.	l.	s.	d.
80	81	0	0	300	303	15	0
90	91	2	6	400	405	0	0
100	101	5	0	500	506	5	0
200	202	10	0	1000	1012	10	0

Abréviations dont on se sert dans les opérations.

Mètre se désigne par. . . . . . m.
Déci-mètre. . . . . di. m.
Centi-mètre . . . . ci. m.
Milli-mètre . . . . mi. m.
Myria-mètre. . . . . my. m.
Kilo-mètre . . . . ko. m.
Hecto-mètre. . . . . ho. m.
Déca-mètre . . . . da. m.

Gramme . . . . g.
Déci-gramme . . . . di. g.
Centi-gramme. . . . . ci. g.
Milli-gramme. . . . . mm. g.
Kilo-gramme . . . . ko. g.
Hecto-gramme . . . . ho. g.
Déca-gramme. . . . . da. g.
Myria-gramme . . . . my. g.

Litre . . . . l.
Déci-litre. . . . . di. l.
Centi-litre . . . . ci. l.
Kilo-litre . . . . ko. l.
Hecto-litre. . . . . ho. l.
Déca-litre. . . . . da. l.

Stère . . . . s.
Double-stère . . . . d. s.
Déci-stère . . . . di. s.

Are . . . . a.
Déci-are . . . . di. a.
Centi-are . . . . ci. a.
Milli-are . . . . mi. a.
Hect-are . . . . h. a.
Déc-are . . . . d. a.
Kil-are . . . . k. a.
Myri-are . . . . my. a.

Franc . . . . f.
Décime . . . . di. m.
Centime . . . . c. m.

ÉLÉMENS D'ARITHMÉTIQUE.

On pourroit retrouver l'unité de mesure sans qu'il soit nécessaire pour cela de mesurer de nouveau l'arc du méridien. En effet on sait par le calcul ainsi que par l'expérience, que, lorsque les arcs parcourus par un pendule (1), sont très-petits, les oscillations se font dans des temps égaux. On sait encore que la durée des oscillations augmente ou diminue, selon que la lentille est plus éloignée ou plus voisine de la suspension. Conséquemment si l'on prend un pendule qui soit tel, que la distance du centre de la lentille au point de suspension égale un mètre (2) ; et si l'on compte le nombre d'oscillations ou de balancemens, qui se feront dans un temps donné, il est clair qu'on pourra

----

(1) On appelle pendule, tout corps suspendu à un point fixe, autour duquel il se meut. Les oscillations sont des balancemens en vertu desquels il passe d'un côté à l'autre. Tels sont les pendules de nos horloges qu'on appelle vulgairement balanciers.

(2) Il faut, pour cela, que le fil qui le suspend soit inextensible et très-délié.

toujours, en supposant que tous les mètres et mesures qui en dérivent vinssen
tout à coup à se perdre, retrouver l'u-
nité principale, en cherchant, par le
tâtonnement, quelle est la longueur
qu'il faut donner au fil, pour que le
pendule fasse dans le même temps un
nombre d'oscillations égal à celui dont
la verge étoit égale à un mètre.

Maintenant il est à remarquer que
cette expérience ne pourroit pas se faire
indifféremment sur tous les points de
la terre. En effet les oscillations du pendule se font en vertu de la pesanteur
qui attire le corps grave vers le centre
de la terre. Or, cette force, qui tend à
précipiter les corps, agit avec d'autant
plus d'énergie qu'ils sont plus voisins du centre de la terre. Conséquemment le pendule de même longueur ne
fera point ses oscillations dans le même
temps sur tous les points de la surface
de la terre, si ceux-ci ne sont pas également éloignés du centre. C'est ainsi
qu'on a découvert que la terre est ap-
platie vers les pôles, parce que les oscillations y sont plus fréquentes que
vers l'équateur. Il faut donc qu'il y ait
un lieu de déterminé pour faire l'expérience.

Je

Je ne me suis étendu sur cette manière simple de retrouver, dans tous
les temps, l'unité qui sert de base à
toutes les mesures, que pour donner
une idée de son invariabilité, et conséquemment des motifs puissans qui
l'ont fait choisir.

DE L'ADDITION DES QUANTITÉS DÉCIMALES.

Comme les fractions décimales aug-
mentent de dix en dix, à mesure qu'on
va de droite à gauche, la règle pour les
ajouter est absolument la même que
pour les nombres entiers, il faut, comme
pour les nombres entiers, placer at-
tentivement les unités de même grandeur les unes sous les autres, et avoir
soin, après l'opération, de séparer par
la virgule les unités entières des parties
décimales.

Exemple.

J'ai vendu de la marchandise à un
marchand, à trois époques différentes;
la première facture monte à la somme
de 747 f. 79 c ; la seconde à 236 f. 95 c.
et enfin la troisième à 848 f. 25 c. ; pour
trouver la somme totale de ces trois
factures, je les écris les unes sous les

autres, et de manière que les virgules
soient toujours sur une même colonne.
Opération, composée de francs, dé-
cimes et centimes.

$$\begin{array}{r} \text{f.} \quad \text{c.} \\ 747,79 \\ 236,95 \\ 848,25 \\ \hline 1832,99 \end{array}$$

Cette opération étant composée d'u-
nités entières et d'unités décimales, je
la commence par la droite et je dis : 5 et
5 font 10 et 9 font 19, je pose 9 sous la
colonne des unités décimales et retiens
une dizaine ; ensuite passant à la deuxième colonne, je dis : 1 de retenu et 7
font 8 et 9 font 17 et 2 font 19, en 19 je
pose 9 et retiens une dizaine ; puis passant à la colonne des unités entières, je
dis : 1 de retenu et 7 font 8 et 6 font 14
et 8 font 22, en 22 je pose 2 et retiens 2
que je porte à la colonne suivante, et je
dis : 2 de retenus et 4 font 6 et 3 font 9
et 4 font 13, en 13 je pose 3 et retiens
1 ; puis passant à la colonne suivante, je
dis : 1 de retenu et 7 font 8 et 2 font 10
et 8 font 18 ; comme il ne reste plus de
chiffres à additionner, je pose 8 et j'a-
vance ma dizaine.

Mon opération ainsi faite, je trouve

pour somme totale 1832 f. 99 c., parce qu'il faut placer la virgule sous les autres virgules des nombres à additionner, ce qui détermine la quantité de décimales que je dois avoir au résultat de l'addition.

Autre opération.

f. c.
326,68
245,80
264,50

836,98

Cette opération se fait de la même manière que la précédente.

Sa preuve.

La preuve de cette opération se fait de deux manières différentes, soit par une addition contraire, soit par une soustraction, au choix des calculateurs ; je vais mettre les deux opérations en évidence par des exemples.

Preuve par l'addition.

f. c.
747,79
236,95
848,25

1832,99

121,10

Je commence par la gauche de mon
addition, et je dis : 2 et 7 font 9 et 8 font
17., de 18 reste 1, je pose 1 sous le 8 ;
ensuite passant à la deuxième colonne,
je dis : 4 et 3 font 7 et 4 font 11, de 13
reste 2 ; ensuite passant à la troisième,
je dis : 7 et 6 font 13 et 8 font 21, de
22 reste 1 ; ensuite à la quatrième, 7 et
9 font 16 et 2 font 18, de 19 reste 1 ;
ensuite à la cinquième, 5 et 5 font 10 et
9 font 19, de 19 reste 0 ou zéro ; il ne
reste rien ; donc la règle est parfaite.

Preuve par une soustraction.

```
              f.  c.
            747,79
           ___________
            256,95
            848,25
           ___________
           1832,99
           ___________
           1085,20
           ___________
            747,79
```

Je commence cette opération en ti-
rant un trait sous le premier nombre ;
ensuite je fais une addition des deux autres qui me restent, ce qui me donne un
total de 1085 f. 20 c. ; ensuite je soustrais ou ôte de la première qui est
1832 f. 99 c. celle de 1085 f. 20 c., il

me reste 747 f. 79 c. ; ce qui prouve que ma règle est bonne.

DE LA SOUSTRACTION DES PARTIES DÉCIMALES.

La soustraction des parties décimales se fait comme celle des nombres entiers, ayant soin seulement de séparer les décimales par une virgule dans le résultat.

Exemple.

J'ai emprunté 94376 f. 55 c., je n'ai pu rendre que 59843 f. 70 c. ; combien dois-je encore ?

Première opération, composée de francs, décimes et centimes.

f. c.
94376,55 , somme empruntée.
59843.70 , somme rendue.
____
34532,85 , somme redue.
____
94376,55 , preuve.

J'opère de même que pour la soustraction simple, en commençant par la droite, et je dis : qui de 5 ôte o reste 5 ; ensuite qui de 5 ôte 7 ne peut ; j'emprunte sur le 6 suivant (que je marque d'un point, afin de faire connoître qu'il

12..

ne vaut plus que 5), une dizaine que je joins au 5, ce qui fait 15, puis je dis : qui de 15 ôte 7 reste 8 ; ensuite qui de 5 ôte 3 reste 2 ; ensuite qui de 7 ôte 4 reste 3 ; ensuite qui de 3 ôte 8 ne peut ; j'emprunte sur le 4 suivant une dizaine que je joins au 3, ce qui fait 13, et je dis : qui de 13 ôte 8 reste 5 ; ensuite qui de 3 ôte 9 ne peut ; j'emprunte sur le 9 suivant une dizaine que je joins au 3, ce qui fait 13, et je dis : qui de 13 paie 9 reste 4, et enfin qui de 8 ôte 5 reste 3.

Mon opération faite, je vois que je suis redevable de 34532 f. 85 c., qui est la différence cherchée.

<h3 style="text-align:center">Sa preuve.</h3>

La preuve se fait toujours en ajoutant le reste à la somme que l'on a retranchée ; on doit retrouver celle dont on a retranché.

Deuxième opération.

<pre>
        f.   c.
     75483,66
     59856,78
     ─────────
     15626,88
     ─────────
     75483,66
</pre>

DE LA MULTIPLICATION DES QUANTITÉS DÉCIMALES.

La multiplication des parties décimales se fait comme celle des nombres entiers et sans avoir égard à la virgule ; seulement il faut séparer dans le résultat autant de décimales qu'il y en a tant dans le multiplicande que dans le multiplicateur.

Règle.

Supposons qu'on ait,

$$8,31$$
à multiplier par $2,4$

$$
\begin{array}{r}
33 \quad 24 \\
166 \quad 2 \\
\hline
19,9 \quad 44
\end{array}
$$

Et je dis : supposons que ce soit 831 que nous ayons à multiplier par 24 , le produit sera 19944 ; mais ce n'est pas 831 que nous devons multiplier , c'est 8 entiers 31 centimes ou 831 centimes ; le produit 19944 est donc cent fois trop fort : or, on le rendra cent fois plus petit , en exprimant que ce sont des centimes , c'est-à-dire en retranchant deux chiffres par une virgule ; on aura donc 199,44 pour produit de 8,31 par 24 ; mais j'observe encore que ce n'étoit

point par 24 que je devois multiplier,
mais par 2,4 qui est 10 fois plus petit ;
le produit 199,44 est encore donc 10 fois
trop grand : donc il faut le rendre 10
fois plus petit en reculant la virgule vers
la gauche , ce qui donne 19,944 pour
produit de 8,31 par 2,4 , ainsi que nous
l'avons annoncé.

Il arrive souvent que le produit ne
contient pas autant de chiffres qu'il y
a de décimales tant dans le multiplicande que dans le multiplicateur : il
semble alors qu'on ne peut pas appli-
quer la règle que nous venons de démontrer : c'est ce qui arriveroit si l'on
avoit, par exemple, 0,11
à multiplier par   0,2
____
0,022

en multipliant 11 par 2 , comme nous
l'avons dit ; mais l'on ne peut retrancher trois décimales, puisqu'il n'y a que
deux chiffres ; cependant si l'on re-
prend le raisonnement que nous venons
de faire , on verra que le produit doit
être des millièmes ; or , on exprimera
que ce sont des millièmes en plaçant
un zéro entre 22 et la virgule. Il faudra
donc , toutes les fois que le produit ne
sera pas aussi grand que le nombre de

décimales qu'on doit retrancher, y suppléer par un nombre suffisant de zéros ajoutés sur la gauche de ce produit.

Opération, composée de francs, décimes et centimes.

$$
\begin{array}{r}
26 \text{ mètres} \\
\text{f. \quad c.} \\
\text{à} \quad 16{,}65 \\
\hline
130 \\
156 \\
156 \\
26 \\
\hline
432{,}90
\end{array}
$$

Lorsqu'il y a, comme ici, deux nombres composés, tels que 26, 16 fr. 65 c., à multiplier l'un par l'autre, il faut premièrement poser celui que l'on aura choisi pour multiplicateur; (c'est ordinairement le plus petit) au dessous du multiplicande.

Ensuite je commence par multiplier les unités décimales 65 par 26, et je dis : 5 fois 6 font 30, je pose o sous le 5 du multiplicateur et retiens 3 dizaines; ensuite 5 fois 2 font 10 et trois de retenus font 13, je pose 3, et n'ayant plus de chiffres à multiplier, j'avance ma dizaine; puis reculant d'un chiffre, je

dis 6 fois 6 font 56, j'écris 6 et retiens
5 ; ensuite 6 fois 2 font 12 et 3 de retenus font 15 , je pose 5 et avance ma
dizaine.

Ensuite passant aux unités entières,
en reculant d'un chiffre, je dis : 6 fois
6 font 36, j'écris 6 et retiens 3 ; ensuite
6 fois 2 font 12 et 3 de retenus font 15,
je pose 5 et avance une dizaine ; ensuite,
reculant encore d'un chiffre, je dis :
1 fois 6 est 6 et 1 fois 2 est 2.

Mon opération ainsi faite, je trouve
452,90 ; mais comme il existe deux
unités décimales au multiplicateur, je
retranche également à mon produit,
par une virgule, les deux premiers
chiffres de droite qui sont des unités
entières, et je trouve que mes 26 mètres, à raison de 16 fr. 65 c., coûteront
452 fr, 90 c.

Autre opération.

<pre>
        12 mètres
          f. c.
     à   6,82
     ─────────────
            24
          96
        72
     ─────────────
        81,84
</pre>

Preuve.

Elle se fait soit par une division, soit par une multiplication, au choix des calculateurs.

Par une division, en prenant pour dividende le produit ou la somme totale de la multiplication, et pour diviseur la quantité de la marchandise ; le quotient doit égaler le prix de la marchandise ou le multiplicateur.

Par une multiplication, en prenant la moitié du multiplicande et doublant le multiplicateur, on doit trouver le même produit.

Première preuve par une division.

Dividende 432,90 {26 diviseur.
          172 {   f. c.
          169 { 16,65 ou quo-
          130   tient.

Pour faire cette opération, je prends au dividende autant de chiffres qu'il y en a au diviseur, et ensuite je cherche dans ce nombre combien de fois est contenu le diviseur ; trouvant qu'il y est 1 fois, je pose 1 sous le 6 du diviseur, et je dis : 1 fois 6 est 6, de 13 reste 7 que je pose sous le 3 de mon

dividende, et retiens une dizaine ; ensuite 1 fois 2 est 2 et 1 de retenu font
3 , de 4 reste 1. Il me reste 17 qui ne
peuvent contenir 26 , alors j'abaisse le
2 , ce qui me donne 172 ; je cherche
en 172 combien de fois 26 , je trouve
qu'il y est 6 , je pose 6 à la colonne de
mon quotient, et je dis : 6 fois 6 font
36 , de 42 reste 6 , et retiens 4 ; ensuite 6 fois 2 font 12 et 4 de retenus
font 16 , de 17 reste 1 ; observant que
16 ne peut contenir 26 , j'abaisse le 9 ,
ce qui fait alors 169 ; je cherche en 169
combien de fois 26 , je trouve qu'il y
est 6 ; j'écris 6 au quotient , je sépare ce
chiffre des deux premiers par une virgule , et je dis : 6 fois 6 font 36, de 39
reste 3; ensuite 6 fois 2 font 12 et 3 de retenus font 15 , de 16 reste 1. Il reste 13
qui ne peuvent contenir 26 , j'abaisse le
0 , ce qui fait 130 ; alors je cherche dans
130 combien de fois est contenu 26 ,
je trouve qu'il y est 5 fois ; j'écris 5 au
quotient, et je dis : 5 fois 6 font 30 , de
30 reste 0 et retiens 3; ensuite 5 fois 2
font 10 et 3 de retenus font 13 , de 13
reste 0. Donc l'opération est exacte ,
puisque le diviseur égale le multiplicateur de la première opération.

Deuxièm

Deuxième preuve par une autre multiplication.

Opération.

$$13$$
$$33,3o$$
$$\overline{}$$
$$39o$$
$$39$$
$$39$$
$$\overline{}$$
$$432,9o$$

Multiplication composée de décimales au multiplicande et au multiplicateur.

Première opération.

Un marchand a acheté 26 mètres 34 centimètres de drap à 55 fr. 75 centim. l'aune, combien doit-il payer pour le prix de son acquisition ?

$$26,34$$
$$55,75$$
$$\overline{}$$
$$13170$$
$$18438$$
$$13170$$
$$13170$$
$$\overline{}$$
$$\text{f.}$$
$$1468,455o$$

Deuxième.	Troisième.
25,3	6,5423
16	0,0045
———	———
1518	327115
253	261692
———	———
404,8	0,02944035

Quatrième.	Cinquième.
2,6	13,42
5,17	0,2005
———	———
182	6710
26	2684
130	———
———	2,690710
13,442	

Ces multiplications peuvent également se vérifier, soit par une autre multiplication, soit par une division.

Lorsque le multiplicande a des décimales, et que le multiplicateur est 10, 100, ou 1000, il suffit de retirer la virgule vers la droite d'autant de rangs qu'il y a de zéros dans le multiplicateur. C'est une conséquence de ce que nous avons dit.

Ainsi,   68,97436
\ multiplié par   100
____
          6897,436
____

Si le multiplicande et le multiplicateur avoient un grand nombre de décimales, l'opération seroit fort longue et
donneroit un résultat plus exact qu'on
en a besoin communément, alors on peut
simplifier le calcul de cette manière.

1°. Multipliez tous les chiffres du
multiplicande par le premier à gauche
du multiplicateur.

2°. Multipliez-les ensuite par le second chiffre à gauche du multiplicateur ; mais, en écrivant ce produit, ne
tenez compte que des dizaines que la
multiplication du premier chiffre à
droite du multiplicande pourra donner,
ajoutez-les au produit du second chiffre, et conséquemment écrivez - en la
somme sous le premier chiffre du produit déjà écrit.

3°. Servez-vous du troisième chiffre
du multiplicateur pour multiplier ceux
du multiplicande, et à ne commencer
qu'au second ; encore faudra-t-il ne

13..

retenir que les dizaines de ce produit
pour les ajouter aux unités du suivant,
vous en écrirez la somme sous les deux
produits déjà écrits.

4°. A mesure que vous avancerez vers
la droite du multiplicateur, vous com-
mencerez la multiplication par un chiffre plus avancé vers la gauche du multiplicande, et retenant les dizaines de
ce premier produit, vous les ajouterez
aux unités du suivant, jusqu'à ce que
vous soyez parvenu au dernier chiffre
du multiplicateur.

5°. Ajoutez tous les produits, et dans
leur somme séparez autant de décimales qu'il y en avoit dans le multiplicande, lorsque vous l'avez multipllé
par les unités du multiplicateur, ou,
ce qui est plus général, voyez quel rang
tiennent dans les deux racines la décimale par laquelle vous multipliez chaque fois, et celle par laquelle commence alors la multiplication.

La somme de ces deux rangs indiquera toujours le nombre de décimales
que doit avoir le produit général,

Exemples.

Premier.	Deuxième.
6,25591	3,52041
4,57284	0,42682
2494364	1408164
311796	70408
43651	21120
1247	2816
498	70
25	1,502578
28,51481	

Troisième.

$$0,582697$$
$$0,003253$$

$$1748091$$
$$116539$$
$$29334$$
$$1747$$
$$1895711$$

Dans le premier, je multiplie d'abord
par 4 et j'écris le produit, ensuite par
5, en disant : 5 fois 1 font 5, je retiens
1 pour le produit suivant ; enfin je dis :
5 fois 9 font 45 et 1 de retenu font 46,
j'écris 6 sous le 4, et je continue à l'ordinaire.

13...

Puis je multiplie par 7, en commençant par le 9 du multiplicande : 7 fois 9 font 63 , je retiens 6 dizaines que j'ajoute au produit suivant , et je dis : 7 fois 5 font 35 et 6 de retenus font 41 , j'écris 1 dans le premier au même rang que les premiers chiffres des autres produits.

Après avoir fait toutes ces multiplications , j'ajoute les produits , et je sépare cinq décimales , parce qu'il y en avoit cinq au multiplicande, lorsque j'ai multiplié par les quatre unités du multiplicateur , ou parce qu'en multipliant par la première décimale du multiplicateur , j'ai commencé par la quatrième du multiplicande.

En faisant tout au long cette multiplication, ou auroit trouvé 28,51481 86844.

Afin de reconnoître à quelles décimales du multiplicande et du multiplicateur on en est chaque fois, il est à propos de les marquer d'un point à mesure qu'on s'en sert.

Comme il est aisé de se rendre raison des différentes parties de cette méthode , j'observe seulement que dans le produit du quatrième exemple, il faut ajouter trois zéros , parce que 3 étant au troisième rang des décimales dans le multiplicateur, et 7 étant au sixième du multiplicande, le produit doit avoir 9 décimales.

DE LA DIVISION DES QUANTITÉS DÉCIMALES.

Si le nombre des décimales est le même dans le dividende et dans le diviseur, la division se fait alors comme si c'étoit des nombres entiers, et il n'y a rien à changer au quotient; en effet diviser un nombre, c'est chercher combien de fois il en contient un autre. Conséquemment si on a 43,45 à diviser par 2,27, c'est chercher combien de fois 43,45, qui est la même chose que quatre mille trois cent quarante-cinq centièmes, contient 2,27 ou deux cent vingt-sept centièmes. Or, il est évident que ces deux nombres se contiennent l'un l'autre, comme s'ils représentoient des entiers, le quotient doit donc être le même.

Mais si le nombre des décimales n'est point le même dans le dividende et dans le diviseur, il faudra établir, en portant à la suite du nombre qui eu

(152)

a le moins, une quantité suffisante de zéros, ce qui ne changera rien à la valeur de ce nombre, ainsi que nous l'avons démontré plus haut. Les parties deviendront alors de même espèce, et leur quotient s'obtiendra comme si c'étoit des entiers qu'il s'agit de diviser.

Supposons par exemple qu'il s'agit de diviser 44,375 par 2,5 ou chercher combien de fois 44375 millièmes contiennent 23 dixièmes, ou 230 centièmes, ou 2300 millièmes qui sont la même chose. Or, il est évident que 44375 millièmes contiennent 2300 millièmes autant que 44375 entiers contiennent 2300 entiers. Il faut donc mettre à la droite du diviseur 2,3 deux zéros, ce qui donne 2,300 qui sont la même chose, et faire ensuite la division sans avoir égard à la virgule.

$$
\begin{array}{l}
44375 \ \{ \ 2,300 \\
2300 \ \} \ 19,2 \\
21375 \\
20700 \\
00675 0 \\
4600 \\
2150
\end{array}
$$

Ce qui donne pour quotient 19 avec un reste 675. Si l'on veut avoir des décimales au quotient, il faut ajouter à la suite du reste autant de zéros qu'on veut en avoir au quotient, et l'on continue l'opération de la même manière.

La raison en est facile à saisir ; en effet si j'ajoute un zéro au reste 675, je le rends dix fois plus fort. Conséquemment le nouveau chiffre que je mettrai au quotient sera dix fois trop fort. Il faut donc pour compenser le rendre dix fois plus petit, c'est-à-dire exprimer que ce sont des dixièmes, en le séparant des unités trouvées précédemment par une virgule, ce qui donne 19, 2. Si on vouloit avoir des centièmes, il faudroit ajouter un zéro au reste 2150 que nous venons de trouver, et placer le chiffre, qui résulteroit de cette nouvelle division, au rang des centièmes et ainsi de suite, d'où l'on voit qu'on peut toujours approcher du véritable quotient aussi près que l'on voudra.

Si l'on avoit à diviser l'une par l'autre des fractions décimales seulement ; si l'on avoit par exemple, 0,34 à diviser par 0,003, il faudroit toujours compléter le nombre des décimales, ce qui donneroit 0,340 à diviser par 0,003 ou 340 millièmes à diviser par 3 millièmes , ou 340 à diviser par 3. On voit donc qu'il ne faut point tenir compte des zéros qui peuvent se trouver compris entre la virgule et le premier chiffre positif de la fraction.

On auroit encore pu faire la division sans ajouter de zéros à la droite du diviseur, en ayant soin de retrancher après l'opération autant de chiffres par une virgule, qu'il y avoit de décimales de plus dans le dividende que dans le diviseur. En effet si les deux nombres 44,375 et 2,3 étoient tous deux des dixièmes , ils en contiennent tout autant de fois que si c'étoit des entiers. Mais le nombre 44,375 représente des millièmes , c'est-à-dire des unités cent fois plus petites que les dixièmes représentés par 2,3 , il le contiendra donc cent fois moins , donc il faudra après l'opération rendre le quotient cent fois plus petit; ce qui s'exécutera en séparant deux chiffres par la virgule, ainsi que nous l'avons dit plus haut.

Exemples.

Première opération.

Dividende, 24,6720 (5 diviseur.

$$\underline{\qquad\qquad}$$

4,9344 quotient.

20

46
45

17
16

22
20

20
20

0

Deuxième.

6,325 (2,14
428) 2,9

2045
1926

119

Troisième.

15,4   (10,352
10352 (1,48

50480
41408

90720
82816

7904

Ainsi , dans le second exemple, on a procédé à la division comme si l'on eût eu 6325 à diviser par 214. Le quotient s'est trouvé 29 ; mais parce que le dividende avoit trois décimales et que le diviseur n'en avoit que deux, on en a mis une au quotient, en plaçant la virgule avant le 9.

Lorsque le diviseur a plus de décimales que le dividende, comme il est représenté au troisième exemple, on ajoute autant de zéros que l'on veut au dividende, en sorte cependant que cela rende le nombre de ces décimales un peu plus grand que celui des décimales du diviseur, afin d'en avoir quelques-unes au quotient ; ici on est censé en avoir ajouté quatre au dividende, car si l'on divise 15,40000 par 10,252, on trouvera le quotient 1,48.

Si l'on veut avoir égard aux restes de ces sortes de divisions, il faut leur ajouter de nouveaux zéros, et les quotiens qu'on en tirera, en continuant la division par le même diviseur, seront de nouvelles décimales. Ainsi, dans le second exemple, ajoutant trois zéros au reste 119, on auroit le quotient 2,9556 avec un reste de 16.

Lorsque, par la méthode ordinaire, les divisions seroient trop longues à cause du grand nombre de décimales,

on

on peut en abréger le calcul de la manière suivante.

Je suppose que l'on veuille vérifier le
produit 28,51481 trouvé ci-dessus en
le divisant par 6,23591 ; après avoir dis-
posé ces deux nombres comme dans la
division ordinaire , je demande en 28
combien de fois 6 ? je mets 4 au quotient , ensuite je multiplie tout le diviseur par 4 et je soustrais le produit du
dividende : reste 3,57117.

Je divise ce reste en disant : combien
de fois 6 est-il contenu dans 35 ? je
mets 5 au quotient , et je multiplie le
diviseur par 5. Je dis donc : 5 fois 1 est
5 que je n'écris pas au produit , je retiens seulement 1 dizaine; je multiplie
9 par 5 , ce qui me donne 45 et la dizaine de retenue font 46 ; en continuant
la multiplication, je trouve 311796 que
je soustrais de 357117 ; il reste 45321 ;
je continue à diviser ce dernier nombre
par le même diviseur, en faisant attention qu'il faut toujours reculer d'un
chiffre sur la gauche pour faire la multiplication du diviseur par le chiffre du
quotient , et de n'ajouter au produit que
la dizaine , qu'aura fournie celle du
chiffre précédent. En continuant cette
division jusqu'à ce qu'il n'y ait aucun

reste, je trouve pour quotient 4,57284, qui se trouvoit être le multiplicateur de 6,25591, et dont le produit étoit 28,51481.

Exemple.

$$28,51481 \left\{ \begin{array}{l} 6,25591 \\ 4,57284 \end{array} \right.$$
24,94364
3,57117
3,11796
45321
43651
1670
1247
523
498
25
25
0

De la transformation des fractions ordinaires en fractions décimales.

Nous avons considéré jusqu'ici les fractions comme des expressions dans lesquelles le dénominateur marque en combien de parties on conçoit que l'unité principale est divisée, et le numérateur combien il entre de parties dans la valeur de la fraction ; mais on peut encore les considérer comme des restes de division dont le numérateur seroit le dividende, et le dénominateur le diviseur. En effet dans la fraction $\frac{3}{4}$, par exemple, l'on peut considérer 3 comme devant être divisé en 4 parties pour prendre une de ces parties, ou considérer 1 comme étant divisé en 4 parties pour prendre 3 de ces parties. La fraction $\frac{3}{4}$ est donc la même chose que 3 à diviser par 4. Or, il est clair qu'en l'envisageant de cette dernière manière, on pourra facilement la réduire en décimales, et approcher de sa valeur autant qu'on le jugera à propos.

$$\left. \begin{array}{c} 30 \\ 20 \end{array} \right\{ \begin{array}{l} 4 \\ \hline 0,7 \end{array}$$

4 n'étant point contenu dans 3, j'ajoute un zéro à la suite de 3, ce qui me rend le dividende 10 fois plus fort qu'il ne doit être réellement. Je dis alors en 30 combien de fois 4, il y est 7, je pose 7 au quotient ; ensuite je dis : 4 fois 7 font 28, de 30 reste 2 ; je pose 2 sous le dividende ; mais le dividende 30 étant 10 fois trop fort, le quotient 7 est aussi 10 fois trop fort ; il faut

donc, pour avoir le véritable quotient, le rendre 10 fois plus petit, c'est-à-dire exprimer que ce sont 7 dixièmes, ce qui se fera en mettant un zéro à la gauche du 7, pour tenir place des unités, et le séparant du chiffre 7 par une virgule. Le quotient 0, 7 est donc égal à $\frac{3}{4}$ à moins d'un dixième près. Si l'on veut en approcher davantage, on mettra un zéro à la droite du chiffre 2, ce qui donne 20, qui, étant divisé par 4, donne 5 qu'on place au rang des centièmes ; par la même raison que ci-dessus ; ce qui donne 0,75 pour la valeur exacte de la fraction $\frac{3}{4}$. Mais s'il y avoit encore un reste, le quotient ne seroit égal à cette valeur qu'à moins d'un centième près : il faudroit, pour en approcher davantage, ajouter encore un zéro au dernier reste, et ainsi de suite.

S'il arrivoit que, dans le cours des divisions successives, le diviseur fût tel que le reste, suivi d'un zéro, et ne pût pas le contenir ; si l'on avoit, par exemple, 2 à diviser par 340,

$$\begin{array}{c|l} 2000 & 340 \\ 1700 & \overline{0,005} \\ 1300 & \end{array}$$

il faudroit en ajouter un nombre suffisant pour qu'il pût le contenir, et placer le chiffre qui viendroit au quotient
à un rang déterminé par le nombre de
zéros qu'on auroit ajoutés. Ainsi, dans
l'exemple que nous considérons, où l'on
a ajouté trois zéros, on a rendu le dividende mille fois trop fort, il faut donc
exprimer que le chiffre 5 qui vient au
quotient exprime des millièmes, c'est-
à-dire le placer au troisième rang à
droite de la virgule.

Si le chiffre 2 étoit le reste d'une division par 340, dont le quotient déjà
trouvé fut 2,41, alors il faudroit mettre
à la suite du quotient 2,41 déjà trouvé,
afin de tenir la place des millièmes et
des dix-millièmes, ce qui donneroit
2,41005.

En général, toutes les fois que l'on
ajoutera un zéro à la droite du dividende, il faudra placer le chiffre qui
viendra au rang plus à droite de la
virgule.

La fraction $\frac{3}{4}$, que nous avons con-
sidérée, nous a donné 0,75.; mais toutes
les fractions ne sont point susceptibles
d'une transformation exacte ; $\frac{1}{3}$, par
exemple, réduit en décimales, donne
0,3333, à l'infini, puisque l'on a tou-

jours le reste 1. On peut donc en approcher aussi près qu'on voudra, sans pouvoir jamais l'atteindre.

La fraction $\frac{1}{6}$ se transforme en 0,1666... où l'on voit que le même chiffre revenant toujours, il n'est point possible de l'avoir exactement.

La fraction $\frac{1}{7}$ est dans le même cas ; on trouve, en transformant cette fraction 0,142857 142857.... Or, le retour périodique des mêmes chiffres annonce l'impossibilité de la transformation. On peut, il est vrai, se dispenser de pousser plus loin la division, en écrivant de suite le même chiffre qui se répète, ou la période, lorsqu'il y en a plusieurs qui reviennent au quotient dans le même ordre.

En général, il est impossible de réduire en décimales une fraction ordinaire dans deux cas différens.

Le premier a lieu toutes les fois que deux divisions successives donnent le même reste.

Le deuxième, lorsque les chiffres du quotient reviennent dans le même ordre.

Il suit de là que le dénominateur fait connoître la limite la plus reculée du retour périodique dont il s'agit ; le dé-

nominateur 7 , par exemple , indique
qu'en réduisant $\frac{1}{7}$ en décimales, les chiffres ne peuvent reparoître dans le mê-
me ordre plus tard qu'au septième rang.
On en trouvera aisément la raison en y
réfléchissant un peu ; il est plus ordinaire cependant qu'ils reviennent dans
des cas semblables avant le rang désigné par le dénominateur , on peut le
vérifier sur la fraction $\frac{1}{13}$ entre autres.

S'il est toujours facile de transformer
en décimales les fractions ordinaires ,
on éprouve souvent de la difficulté pour
ramener les premières à celles-ci ; on
opère néanmoins cette réduction d'une
manière bien facile dans les exemples
les plus familiers.

On suppose que l'on demande en
fraction ordinaire la valeur de 0,3333 ;
si l'on multiplie par 10 la quantité donnée, on aura 3,333 , et si on la soustrait
de ce produit, il ne restera qu'une quantité neuf fois plus grande que 0,3333.
Ce reste est 3 , dont la neuvième partie est $\frac{1}{3}$ On conclura donc que 0,333
est égal à $\frac{1}{3}$, comme on le sait d'ail-
leurs.

Il en est de même de la fraction
0,142857 , 142857 , qui, multipliée par
10, devient 142857 , 142857 ; si l'on

retranche de ce produit le triple de la
quantité donnée, le reste ne sera que
sept fois plus grand que cette quantité ;
or, le triple de 0,142857, 142857 est
0,42857 142857 ; le reste sera donc 1,
dont la septième partie est $\frac{1}{7}$, comme
ci-dessus.

Les calculs ordinaires ont rarement
besoin d'une exactitude qui nécessite
plus de deux ou trois décimales ; souvent la question détermine jusqu'à quel
point il faut pousser la division. Supposons, par exemple, qu'on ait besoin
du quotient de 1 par 7, à moins d'un
centième près, je divise à l'ordinaire,
et je trouve 0,14, avec un reste que je
néglige. Or, cette fraction est plus petite que $\frac{1}{7}$. Pour rendre cette différence
la moins considérable possible, on a
coutume d'ajouter une unité au dernier
chiffre, lorsque celui qui le suivroit
immédiatement, si l'on continuoit la
division, surpasse cinq, on n'en tient
point compte lorsqu'il est moindre.
Dans ce cas-ci, où le chiffre qui suivroit immédiatement 4, si l'on continuoit la division de 1 par 7, est 2,
c'est 0,14 qu'il faut prendre. Mais si on
vouloit l'avoir à moins d'un millième
près, on trouveroit d'abord 0,142 ; et

comme le chiffre qui suivroit 2 , si l'on continuoit , est un 8, on prendroit pour valeur approchée de la fraction 0,143.

DES PROPORTIONS.

Nous terminerons ce que nous avons à dire par la solution de quelques questions relatives aux proportions. Nous ne pouvons trop engager à bien se convaincre des propriétés de celles-ci , et à se les rendre familières, parce qu'elles sont la base de toutes les règles de trois, de compagnie , etc. dont nous avons parlé précédemment. Les questions , dont nous allons nous occuper, sont plus compliquées que celles que nous avons résolues jusqu'ici. Nous ne donnerons point à la solution de chacune d'elles le nom d'une règle particulière , afin d'éviter tout ce qui peut assujettir à une routine qui fatigue la mémoire ; et qui expose à des erreurs, et à s'accoutumer à ne prendre jamais d'autre guide que le raisonnement. On jouit de cette manière de la satisfaction intime que procure la certitude d'avoir bien fait,

PREMIÈRE QUESTION.

Un particulier a fait travailler 15 ouvriers qui lui ont fait, en 12 jours, 236 mètres d'ouvrage, combien 18 ouvriers en feront-ils, en travaillant seulement pendant 3 jours ?

Solution.

Il est évident que le travail, fait par 15 ouvriers pendant 12 jours, est la même chose que celui que feroient 12 fois 15 ouvriers ou 180 ouvriers travaillant seulement pendant un jour. De même le travail que feront 18 ouvriers, travaillant ensemble pendant 3 jours , est la même chose que celui que feroient 3 fois 18 ou 54 ouvriers qui ne travailleroient seulement que pendant un jour. La question proposée est donc la même que celle-ci : 180 ouvriers ont fait, pendant un jour, 236 mètres d'ouvrage, combien 54 ouvriers en feront-ils ?

Or, il est évident que les quantités d'ouvrage seront proportionnelles au nombre d'ouvriers employés à les faire, c'est-à-dire que le nombre 236, qui exprime la quantité d'ouvrage fait par 180 ouvriers, contiendra la quantité d'ouvrage que feront 54 ouvriers autant de fois que 180 contient 54 : le nombre cherché est donc le quatrième terme de cette proportion :

$$180 : 54 :: 236 :$$

Mais nous avons démontré que, dans toute proportion, le produit des extrêmes étoit égal au produit des moyens ; conséquemment qu'un extrême quelconque étoit toujours égal au produit des moyens divisé par l'autre extrême. Donc, si nous multiplions l'un par l'autre les deux moyens 54 et 136, et que nous divisions le produit par l'extrême 180, nous aurons pour quotient l'autre extrême ou le nombre de mètres d'ouvrage que pourront faire 54 ouvriers pendant un jour, ou 18 ouvriers pendant 3 jours.

$$
\begin{array}{r}
236 \\
54 \\
\hline
944 \\
1180 \\
\hline
\end{array}
$$

$$
\begin{array}{l|l}
1274,4 & 180 \\
01440 & 70,8 \\
0000 &
\end{array}
$$

Pour s'assurer si le nombre $70^{\mathrm{m}}.8$ est exact, il suffit de voir s'il y a proportion, c'est-à-dire si le produit des extrêmes et celui des moyens sont égaux,

Or, celui des moyens est 12744, celui des extrêmes 180 et 70,8 est aussi 12744. Donc, l'opération est exacte. Il est facile de voir que cette vérification n'est autre chose que les vérifications successives de la multiplication et de la division qu'on est obligé de faire.

DEUXIEME QUESTION.

15 ouvriers ont reçu 245 f. 20 c. pour prix de 25 jours de travail, pendant lesquels ils employoient 11 heures par jour ; on demande combien on doit payer pour le salaire de 19 ouvriers qui ont travaillé au même ouvrage pendant 13 jours, mais seulement 8 heures par jour.

Solution.

Cette question peut être ramenée facilement à une règle de trois ou à une simple proportion, comme la précédente. En effet, 25 jours de travail à 11 heures par jour, sont la même chose que 25 fois 11 ou 275 heures de travail : de même 13 jours à 8 heures égalent 104 heures. Maintenant 15 ouvriers travaillant pendant 275 heures font le même ouvrage que feroient 275 fois 15 ou 4125 ouvriers pendant une heure seulement ; par la même raison, 19

ouvriers

ouvriers , travaillant pendant 104 heures, font la même chose que 19 fois 104 ou 1976 ouvriers pendant 1 heure. La question est donc ramenée à celle-ci : 4125 ouvriers ont reçu 245 f. 20 c. pour prix d'une heure de travail , combien doit-on payer à 1976 ouvriers qui travailleroient pendant le même temps.

Or , il est clair que les sommes sont proportionnelles aux quantités d'ouvriers dont elles sont le salaire : conséquemment celle que l'on cherche sera le quatrième terme d'une proportion dont les trois premiers seroient ceux-ci.

4125 : 1976 : : 245 f. 20 c.

Donc, si l'on multiplie 245 f. 20 c. par 1976 , et qu'on divise le résultat par 4125 , on aura la somme cherchée.

$$
\begin{array}{r}
245\ \text{f. } 20\ \text{c.} \\
1976 \\
\hline
147120 \\
1764\ \ \\
22068\ \ \ \\
2452\ \ \ \ \\
\hline
484515,20 \\
720152 \\
3076520 \\
1890200 \\
2402000 \\
340500
\end{array}
\quad
\left\{
\begin{array}{l}
4125,00 \\
\hline
117,45
\end{array}
\right.
$$

15

Ce qui donne 117 f. 45 c. pour le salaire de 19 ouvriers. Nous avons ajouté deux zéros au diviseur 4125, pour compléter le nombre de décimales, comme nous l'avons dit en parlant de la division. Si l'on fait la preuve de cette opération, on ne trouvera pas le produit des extrêmes exactement égal à celui des moyens, attendu qu'il y a un reste 540500 que nous négligeons ; mais cette égalité devra avoir lieu, si l'on tient compte de ce reste, en ajoutant au produit 54,05 que l'on n'a point divisé.

TROISIEME QUESTION.

Un boulanger a acheté du blé qui lui revient à 45 f. l'hectolitre ; alors il peut donner un kilogramme de pain pour 0,35 centimes ; on demande combien il doit donner de pain pour le même prix, lorsque l'hectolitre de blé ne vaut que 42 f.

Solution.

Il est clair, dans ce cas-ci, qu'il devra donner d'autant plus de pain pour la somme de 0,35 centimes, que le prix de l'hectolitre de blé sera moins considérable ; de manière que, si le prix de l'hectolitre n'étoit que la moitié du premier, il devroit donner deux fois autant de pain. La quantité de pain qu'il doit donner contient donc celle qu'il donne autant de fois que le prix du blé qui a servi à le faire ; ce dernier contient le prix du blé qui doit servir à faire le premier , cette quantité est donc le quatrième terme de cette proportion :

$$42 : 45 :: 1 \text{ kilogramme.}$$

$$
\begin{array}{c|c}
 & 1 \\
\hline
45 & 42 \\
300 & \overline{1,071} \\
060 &
\end{array}
$$

Ce qui donne 1 kilogr. 071 gram. ou 1071 grammes.

QUATRIEME QUESTION.

43 ouvriers, employés dans une manufacture, ont fait 440 mètres d'étoffe en 15 jours , travaillant 10 heures par jour ; on demande combien il faudroit de jours à 60 ouvriers , pour en faire la même quantité, eu supposant qu'ils ne travaillassent que 5 heures par jour ?

Solution.

Il est clair que le nombre de jours qu'il faut employer pour faire la quan-

tité de 440 mètres , qui est ici cons-
tante , dépend et du nombre d'ouvriers
et du nombre d'heures qu'ils travail-
lent par jour. Or , 43 ouvriers travaillant pendant 10 heures par jour , font
la même chose que 430 ouvriers qui ne
travailleroient qu'une heure par jour :
par la même raison , 60 ouvriers travaillant 5 heures par jour , équivalent
à 300 ouvriers qui ne travailleroient
que pendant une heure. La question
est donc ramenée à celle-ci ; 430 ouvriers ont fait, en 15 jours, 440 mètres
de marchandises , combien 300 ouvriers mettront-ils de jours pour en faire
la même quantité ? Mais il est évident
qu'il faudra d'autant plus de jours qu'il
y aura moins d'ouvriers à travailler ;
conséquemment que le nombre de jours
cherché contiendra le nombre 15 de
jours employé par 430 ouvriers de la
même manière que le nombre 430 contient le nombre 300 ouvriers qui doivent être employés ; ce nombre sera
donc le quatrième terme d'une proportion dont les trois premiers seroient
ceux-ci :

300 : 430 :: 15 , ou 30 : 43 :: 15 ; ce
qui est la même chose.

Opération.

$$5o : 43 :: 15$$
$$15$$

$$215$$
$$45$$

$$64,5 \quad \{ \quad 5o$$
$$45 \quad \} \quad 21,5$$
$$15o$$
$$ooo$$

Ce qui donne 21 jours 5 dixièmes ou
21 jours et demi. Si l'on avoit voulu
avoir la fraction 5 dixièmes en heures,
il auroit fallu multiplier le reste 15 par
5 pour en faire des heures, attendu que
la journée de 60 ouvriers n'est que de 5
heures de travail.

CINQUIÈME QUESTION.

Il a fallu 9 hommes pour faire 45
mètres de toile en 4 jours; on demande
combien il faudra d'hommes pour en
faire 5o mètres en 6 jours.

Solution.

Le nombre d'hommes qu'il faut employer ici dépend et de la quantité de
toile qu'il faut faire et du nombre de
jours qu'on donne pour la faire. Il faut
donc chercher quelle est la quantité qui

15...

doit être faite dans une même unité de temps. Or, 45 mètres de toile en 4 jours, c'est le quart de 45 mètres ou 11^m., 25 en un jour : par la même raison, faire 30 mètres en 6 jours, c'est faire 5 mètres par jour : la question devient donc celle-ci :

9 hommes font ensemble 11^m. 25 de toile par jour ; combien en faut-il pour en faire 5 mètres ?

Il faut d'autant moins d'hommes qu'il y a moins de toile à faire ; on le trouvera au moyen de cette proportion :

$$11^m.25 : 5 :: 9$$

$$\frac{9}{45,00} \left\{ \begin{array}{l} 11;25 \\ \hline 4 \end{array} \right.$$

Ce qui donne 4 hommes, ainsi que l'on peut s'en assurer. En effet, si 9 hommes font 11^m.25, un homme fait 11^m.25.

——— Si l'on multiplie cette frac-
9
tion par 4, on aura ce que feront 4 hommes pendant un jour ; enfin si l'on multiplie ce produit par 6, on aura ce que feront ces 4 hommes en 6 jours, qui

devra, s'il n'a point été commis d'erreur, être egal à 3o mètres.

On auroit pu prendre pour unité de
temps tout autre nòmbre que l'unité.

Par exemple, en multipliant 45 par 6,
on auroit eu la quantité de toile que 9
hommes sont capables de faire en 24
jours ; et en multipliant 3o par 4 on auroit la quantité que doit faire le nombre d'hommes cherché aussi en 6 jours.
On pourroit prendre tóus les multiples
et sous-multiples des nombres de jours
qui doivent être employés. On prend
toujours celui qui semble devoir rendre
le calcul plus commode.

SIXIEME QUESTION.

Un particulier a placé un capital de
24o f., il a reçu, au bout de 4 ans, 48 f.
d'intérêt ; il désire placer un autre capital de 2355 f. , au même denier, et
demande combien il faudra qu'il at-
tende pour toucher 434 f. d'intérêt de
ce dernier capital ?

Solution.

Le denier étant fixé, il est clair que
le temps qu'il faut attendre dépend et

de la grandeur de la somme placée et de
la grandeur de celle qu'on veut toucher
pour intérêt.

Cherchons d'abord à établir l'unité
de somme. Pour cela , je dis : si 240 f.
rapportent 48 f. , chaque franc rapporte
$\frac{48}{240}$ de franc ; de même, si 2355 francs
donnent 434 , chaque franc rapportera
$\frac{434}{2355}$ de franc ; mais $\frac{48}{240}$ constituant
l'intérêt d'un franc au bout de 4 ans ,
$\frac{434}{2355}$ constituent l'intérêt au bout du
temps qu'il s'agit de déterminer. Or , il
est clair que ces temps sont proportion-
nels aux sommes qu'ils produisent ;
conséquemment on aura ,

$$\frac{48}{240} : \frac{434}{2355} :: 4$$

Multipliant $\frac{434}{2355}$ par 4 , et divisant le
produit par $\frac{48}{240}$, suivant les règles indiquées par la multiplication et la division des fractions , on aura le temps
cherché.

On auroit pu également résoudre la
question , en rendant l'intérêt le même.
Pour cela, j'aurois dit : si 240 francs
donnent 48 francs d'intérêt pendant 4
ans , combien en faudra-t-il pour pro-
duire 434 francs dans le même temps?
Ce qui m'eût donné cette proportion :

$$48 : 434 :: 240$$

Opération.

$$48 : 434 :: 240$$

$$\underline{240}$$

$$\begin{array}{l}17360\\868\end{array}$$

$$\left.\begin{array}{l}104,160\\81\\336\\0000\end{array}\right\}\ \ \begin{array}{l}48\\\underline{}\\2170\end{array}$$

Il faudroit donc 2170 francs pour rapporter 434 francs au bout de 4 ans, conséquemment, si l'on veut savoir combien il faut de temps pour que 2355 fr. rapportent aussi 434, il faudra faire cette proportion

$$2355 : 2170 :: 4,$$

parce qu'alors les temps sont d'autant plus petits que les sommes sont plus considérables (c'est ce qu'on appelle être en raison inverse ; ainsi l'on diroit que les temps sont en raison inverse des sommes). Si l'on cherche le quatrième terme, comme nous l'avons fait jusqu'ici , on aura le terme au bout duquel les 2355 f. auroient rapporté 434 francs.

Il sera bon de le chercher des deux

manières ; on devra trouver le même résultat.

On pourra s'exercer également sur l'exemple suivant.

18 hommes ont fait 45 mètres d'ouvrage en 16 jours ; combien 8 hommes mettront-ils de jours pour en faire 30 mètres.

Avec un peu d'attention , on verra qu'elle est la même que la précédente.

SEPTIÈME QUESTION.

Un père ordonne par son testament que le partage de sa fortune, que l'on ne connoît point, se fera de la manière suivante ; 1°. le fils aîné aura le tiers de la totalité ; le second n'aura que les deux tiers de la part de son aîné ; enfin le troisième n'aura que le quart de la somme des deux autres; 2°. le reste sera distribué aux pauvres.

On demande quelle est la somme qui est destinée aux pauvres , sachant seulement que les trois fils ont reçu ensemble 32000 f.

Solution.

Si la fortune du père étoit connue , on trouveroit immédiatement la somme qui doit être distribuée, en retranchant de la fortune totale la somme des trois parts données par l'état de la question.

La solution dépend donc de la connoissance de la fortune du père. Pour la trouver, je réduis d'abord les parts des deux derniers fils, qui sont données en fractions l'une de l'autre, en fractions de la fortune du père. Pour cela, j'observe que le second ayant les deux tiers de la part du premier, a les $\frac{2}{3}$ du tiers de la fortune totale ; mais prenant les $\frac{2}{3}$ d'une fraction, c'est multiplier cette fraction par $\frac{2}{3}$. Conséquemment la part du second sera les $\frac{2}{9}$ de la fortune du père.

Maintenant le troisième fils a le quart de la somme qu'ont ensemble ses deux aînés ; cette somme et $\frac{1}{3}$ plus $\frac{2}{9}$, ou en réduisant $\frac{1}{3}$ en neuvièmes, afin de faire l'addition, $\frac{3}{9}$ plus $\frac{2}{9}$, ou $\frac{5}{9}$, dont le quart est $\frac{5}{36}$.

La question est donc ramenée à celle-ci : on a une certaine somme (la fortune du père), que l'on ne connoît point ; on sait seulement que le tiers de cette somme, deux neuvièmes et les cinq trente-sixièmes forment ensemble 32000 francs ; quelle est cette somme ?

Pour cela je prends arbitrairement

un nombre dont je puisse prendre facilement et sans aucune fraction (pour
ne point compliquer inutilement les
calculs), le tiers, les deux neuvièmes
et les cinq trente-sixièmes; le nombre
36, par exemple : le tiers de 36 est 12,
les deux neuvièmes sont 8, et les cinq
trente-sixièmes égalent 5 ; ces trois
fractions réunies forment ensemble 25.
Mais les parties semblables, deux
quantités se contiennent de la même
manière que ces quantités elles-mêmes.
Conséquemment 25 tiers plus 2 neuvièmes plus 5 trente-sixièmes du nombre 36 que j'ai supposé, est contenu
dans 32000 tiers plus $\frac{2}{9} \times \frac{5}{36}$ du nombre
cherché, autant de fois que 36, nombre
supposé, est contenu dans le nombre
qu'il s'agit de trouver.

Le nombre cherché est donc le quatrième terme de cette proportion :

$$25 : 32000 :: 36$$

$$36$$

$$\overline{}$$

192000
96
$$\overline{}$$
115,2000 $\Big\{$ 25
- 152 $\overline{46080}$
200
000

Ce

Deuxième preuve par une autre multiplication.

Opération.

$$
\begin{array}{r}
13 \\
33,30 \\
\hline
390 \\
39 \\
39 \\
\hline
432,90
\end{array}
$$

Multiplication composée de décimales au multiplicande et au multiplicateur.

Première opération.

Un marchand a acheté 26 mètres 34 centimètres de drap à 55 fr. 75 centim. l'aune, combien doit-il payer pour le prix de son acquisition ?

$$
\begin{array}{r}
26,34 \\
55,75 \\
\hline
13170 \\
18438 \\
13170 \\
13170 \\
\hline
\text{f.} \\
1468,4550
\end{array}
$$

(147)

Ainsi,   68,97436
multiplié par   100
____

            6897,436
____

Si le multiplicande et le multiplicateur avoient un grand nombre de décimales, l'opération seroit fort longue et
donneroit un résultat plus exact qu'on
en a besoin communément, alors on peut
simplifier le calcul de cette manière.

1°. Multipliez tous les chiffres du
multiplicande par le premier à gauche
du multiplicateur.

2°. Multipliez-les ensuite par le second chiffre à gauche du multiplicateur; mais, en écrivant ce produit, ne
tenez compte que des dizaines que la
multiplication du premier chiffre à
droite du multiplicande pourra donner,
ajoutez-les au produit du second chiffre, et conséquemment écrivez - en la
somme sous le premier chiffre du produit déjà écrit.

5°. Servez-vous du troisième chiffre
du multiplicateur pour multiplier ceux
du multiplicande, et à ne commencer
qu'au second ; encore faudra-t-il ne

15..

Puis je multiplie par 7, en commençant par le 9 du multiplicande : 7 fois
9 font 63 , je retiens 6 dizaines que
j'ajoute au produit suivant , et je dis :
7 fois 5 font 35 et 6 de retenus font 41 ,
j'écris 1 dans le premier au même rang
que les premiers chiffres des autres
produits.

Après avoir fait toutes ces multiplications , j'ajoute les produits , et je sépare cinq décimales , parce qu'il y en
avoit cinq au multiplicande, lorsque j'ai
multiplié par les quatre unités du multiplicateur , ou parce qu'en multipliant
par la première décimale du multiplicateur , j'ai commencé par la quatrième
du multiplicande.

En faisant tout au long cette multiplication, ou auroit trouvé 28,5148186844.

Afin de reconnoître à quelles décimales du multiplicande et du multiplicateur on en est chaque fois, il est à propos de les marquer d'un point à mesure
qu'on s'en sert.

Comme il est aisé de se rendre raison des différentes parties de cette méthode , j'observe seulement que dans le
produit du quatrième exemple, il faut
ajouter trois zéros , parce que 5 étant au
troisième rang des décimales dans le

a le moins, une quantité suffisante de
zéros, ce qui ne changera rien à la valeur
de ce nombre, ainsi que nous l'avons
démontré plus haut. Les parties deviendront alors de même espèce, et leur
quotient s'obtiendra comme si c'étoit
des entiers qu'il s'agit de diviser.

Supposons par exemple qu'il s'agit
de diviser 44,375 par 2,5 ou chercher
combien de fois 44375 millièmes contiennent 25 dixièmes, ou 250 centièmes, ou 2500 millièmes qui sont la même chose. Or, il est évident que 44375
millièmes contiennent 2500 millièmes
autant que 44375 entiers contiennent
2500 entiers. Il faut donc mettre à la
droite du diviseur 2,5 deux zéros, ce
qui donne 2,500 qui sont la même chose, et faire ensuite la division sans avoir
égard à la virgule.

$$
\begin{array}{l|l}
44375 & 2,500 \\ \cline{2-2}
2500 & 19,2 \\
21375 & \\
20700 & \\
006750 & \\
4600 & \\
2150 &
\end{array}
$$

ouvriers , travaillant pendaut 104 heures , font la même chose que 19 fois 104
ou 1976 ouvriers pendant 1 heure. La
question est donc ramenée à celle-ci :
4125 ouvriers ont reçu 245 f. 20 c. pour
prix d'une heure de travail , combien
doit-on payer à 1976 ouvriers qui travailleroient pendant le même temps.

Or , il est clair que les sommes sont
proportionnelles aux quantités d'ouvriers dont elles sont le salaire : conséquemment celle que l'on cherche sera
le quatrième terme d'une proportion
dont les trois premiers seroient ceux-ci.

4125 : 1976 : : 245 f. 20 c.

Donc, si l'on multiplie 245 f. 20 c.
par 1976 , et qu'on divise le résultat par
4125 , on aura la somme cherchée.

$$
\begin{array}{r}
245 \text{ f. } 20 \text{ c.} \\
1976 \\
\hline
147120 \\
17164 \\
22068 \\
2452 \\
\hline
\end{array}
$$

$$
\begin{array}{r|l}
484515,20 & 4125,00 \\
720152 & \overline{117,45} \\
5076520 & \\
1890200 & \\
2402000 & \\
540500 & \\
\end{array}
$$

15

Ce qui donne 117 f. 45 c. pour le salaire de 19 ouvriers. Nous avons ajouté deux zéros au diviseur 4125, pour compléter le nombre de décimales, comme nous l'avons dit en parlant de la division. Si l'on fait la preuve de cette opération, on ne trouvera pas le produit des extrêmes exactement égal à celui des moyens, attendu qu'il y a un reste 340500 que nous négligeons ; mais cette égalité devra avoir lieu, si l'on tient compte de ce reste, en ajoutant au produit 34,05 que l'on n'a point divisé.

TROISIEME QUESTION.

Un boulanger a acheté du blé qui lui revient à 45 f. l'hectolitre ; alors il peut donner un kilogramme de pain pour 0,35 centimes ; on demande combien il doit donner de pain pour le même prix, lorsque l'hectolitre de blé ne vaut que 42 f.

Solution.

Il est clair, dans ce cas-ci, qu'il devra donner d'autant plus de pain pour la somme de 0,35 centimes, que le prix de l'hectolitre de blé sera moins considérable ; de manière que, si le prix de l'hectolitre n'étoit que la moitié du premier, il devroit donner deux fois au-

Opération.

$$30 : 43 :: 15$$
$$15$$
$$\overline{215}$$
$$45$$
$$\overline{64,5}\ \Big\{\ \ \frac{30}{21,5}$$
$$45$$
$$150$$
$$000$$

Ce qui donne 21 jours 5 dixièmes ou 21 jours et demi. Si l'on avoit voulu avoir la fraction 5 dixièmes en heures, il auroit fallu multiplier le reste 15 par 5 pour en faire des heures, attendu que la journée de 60 ouvriers n'est que de 5 heures de travail.

CINQUIÈME QUESTION.

Il a fallu 9 hommes pour faire 45 mètres de toile en 4 jours; on demande combien il faudra d'hommes pour en faire 30 mètres en 6 jours.

Solution.

Le nombre d'hommes qu'il faut employer ici dépend et de la quantité de toile qu'il faut faire et du nombre de jours qu'on donne pour la faire. Il faut donc chercher quelle est la quantité qui

15...

doit être faite dans une même unité de temps. Or, 45 mètres de toile en 4 jours, c'est le quart de 45 mètres ou 11^m., 25 en un jour : par la même raison, faire 3o mètres en 6 jours, c'est faire 5 mètres par jour : la question devient donc celle-ci :

9 hommes font ensemble 11^m. 25 de toile par jour ; combien en faut-il pour en faire 5 mètres ?

Il faut d'autant moins d'hommes qu'il y a moins de toile à faire ; on le trouvera au moyen de cette proportion :

$$11^m.25 : 5 :: 9$$

$$9$$

$$45,00 \left\{ \frac{11,25}{4} \right.$$
$$0000$$

Ce qui donne 4 hommes, ainsi que l'on peut s'en assurer. En effet, si 9 hommes font 11^m.25 , un homme fait 11^m.25.

$$\frac{\qquad}{9}$$ Si l'on multiplie cette frac-

tion par 4, on aura ce que feront 4 hommes pendant un jour ; enfin si l'on multiplie ce produit par 6 , on aura ce que feront ces 4 hommes en 6 jours , qui

Opération.

$$48 : 434 :: 240$$
$$240$$
$$17360$$
$$868$$

$$104{,}160 \ \Big\{ \ 48$$
$$81 \ \Big\{ \ 2170$$
$$336$$
$$0000$$

Il faudroit donc 2170 francs pour rapporter 434 francs au bout de 4 ans, conséquemment, si l'on veut savoir combien il faut de temps pour que 2355 fr. rapportent aussi 434, il faudra faire cette proportion

$$2355 : 2170 :: 4,$$

parce qu'alors les temps sont d'autant plus petits que les sommes sont plus considérables (c'est ce qu'on appelle être en raison inverse ; ainsi l'on diroit que les temps sont en raison inverse des sommes). Si l'on cherche le quatrième terme, comme nous l'avons fait jusqu'ici , on aura le terme au bout duquel les 2355 f. auroient rapporté 434 francs.

Il sera bon de le chercher des deux

Ce qui donne 46080 f. pour la fortune du père. Si l'on en retranche
32000 f., somme des parts des trois
fils, on aura 14080 f. pour la somme
qui doit être distribuée aux pauvres.
On peut s'assurer de l'exactitude de
cette opération, en prenant le $\frac{1}{3}$, les
$\frac{2}{9}$ et les $\frac{1}{36}$ de ces 46080 f., qui doivent
former 32000 f.

Nota. Pour éviter les répétitions,
nous ne donnerons point ici d'exemples
des règles de troc ou d'échange, d'intérêt, du change, d'alliage, du cent et
du mille, puisqu'elles se font au moyen
des quatre règles principales, comme
il est expliqué dans l'arithmétique
ancienne.

Fin de l'Arithmétique.

TABLEAU

DE LA DÉPRÉCIATION DU PAPIER-MONNOIE,

Depuis le 1er. janvier 1790 , jusqu'au 30 fructidor an 4 (16 septembre 1796).

Le louis d'or de 24 livres a été vendu en assignats, savoir :

1790.	l.	s.		l.	s.
1 janvier ..	25	2	1 avril. ...	26	10
1 février...	24	16	1 mai	26	15
1 mars	25		1 juin.....	28	5
1 avril	25	6	1 juillet...	28	
1 mai	25	10	1 août.....	29	5
1 juin......	25	10	1 septemb .	29	15
1 juillet...	25		1 octobre..	29	11
1 août.....	25	1	1 novemb..	29	5
1 septemb.	25	10	1 décemb..	31	6
1 octobre..	25	6			
1 novemb..	26	9	**1792.**		
1 décembr.	26	10			
			1 janvier ..	35	5
1791.			1 février...	38	
			1 mars. ...	45	6
1 janvier ..	26	3	1 avril	44	12
1 février...	26	4	1 mai.	40	16
1 mars	26	6	1 juin......	43	6

	l.	s.		An 3.	l.	s.
1 juillet...	40					
1 août	40					
1 septembr.	41	10	1 vendém..		81	
1 octobre..	39	12	1 brumaire.		92	
1 novembr.	34	10	1 frimaire .		96	
1 décembr.	34	15	1 nivose...		115	
			1 pluviose.		128	10
			1 ventose..		134	10
1793.			25		172	
			30		200	
1 janvier ..	38	1	1 germinal.		204	
1 février ..	43	16	5..........		200	
1 mars	43		10		224	
1 avril	48		15		206	
1 mai	55		20		221	
1 juin	61		25		204	
1 juillet...	72	5	30		218	
1 août.....	75		1 floréal...		229	
1 septemb.	76		5		238	
1 octobre..	83		10........		275	
1 novembr.	81		15		329	
1 décembr.	55		20		363	
			25		346	
1794.			30		399	
			1 prairial..		id.	
1 janvier..	46	10	5		id.	
1 février...	59	6	10		415	
1 mars	58		15........		474	
1 avril	66	10	20........		580	
1 mai.....	66	15	25........		876	
1 juin.....	71		30		811	
1 juillet...	80		1 messidor.		893	
1 août	72		5		661	

	l.	s.		l.	s.
10 messid..	758		10 brumair.	2600	
15	745		15	3045	
20	740		20	3285	
25	717		25	3109	
30	755		30	3315	
1 thermid.	id.		1 frimaire..	3400	
5.........	787		5	3035	
10.........	805		10	3565	
15.........	803		15	4355	
20	790		20	3785	
25.........	830		25	4216	
30.........	865		30	5200	
1 fructid...	883		1 nivose....	5485	
5.........	930		5	5538	
10.........	985		10.........	4385	
15.........	1105		15.........	5745	
20	1115		20	5525	
25	1163		25	5068	
30	1169		30	5435	
1 j. compl..	1165		1 pluviose .	5525	
6 compl...	1193		5	5337	
			10	5225	
An 4.			15.........	5445	
			20	6025	
1 vendém..	1200		25	6485	
5.........	1145		30	6715	
10	1210		1 ventose..	7010	
15	1198		5	7550	
20	1315		10	7300	
25	1705		15.........	7562	
30	695		20	6975	
1 brumaire.	1685		25	7100	
5	2376		30	5650	

	l.	s.		l.	s.
1 germinal .	6200		1 prairial .	9150	
5	6100		5	10875	
10	5800		6	12000	
15	5950		7	12300	
20	5800		8	12350	
25	5900		10	11800	
30	5950		14	12425	
1 floréal...	6025		15	14775	
5	5950		16	17125	
10	6350		17	17950	
15	7025		18	17350	
20	7750		19	13100	
25	8300		20	8260	
30 floréal..	8650				

MANDATS *échangés contre des assignats au dessus de* 100 *liv.*, *à trente capitaux.*

100 livres de mandats ont été vendus en argent, savoir :

An 4.

	l.	s.		l.	s.
1 germinal.	34	10	27 germin..	18	
3	35		30	16	5
6	32		1 floréal...	15	5
9	27		3	15	15
12	25		6	15	
15	14		9	12	15
18	20		13	13	10
21	20	15	15	13	12
24	18	10	18	14	5
			21	12	5

16...

	l.	s.		l.	s.
24 floréal..	12		1 thermid.	5	2
26	11	16	3	4	13
30	11	13	6	5	12
1 prairial..	12		9	3	18
3	11		12	3	6
5	9	15	15	2	7
9	7	5	18	2	14
12.3	7	4	21	1	11
14	6	8	24	2	4
18	4	8	26	2	
20	10	15	30	2	16
23	8	15	1 fructidor.	3	9
26	8	12	3	2	18
30	8	7	6	2	11
1 messidor.	7	18	8	3	2
3	7	10	12	2	10
6	6	10	15	2	14
9	7	12	18	3	5
12	7	10	21	3	17
15	7	5	24	5	2
18	6	7	26	6	5
21	6	18	28	4	15
24	6	15	30	3	18
27	5	11	1 j. compl..	4	15
30	5	8	4	4	1

CONCORDANCE

DES CALENDRIERS

RÉPUBLICAIN ET GRÉGORIEN,

Depuis 1793 jusques et compris l'an 22.

Nota. Le calendrier républicain a été créé par les décrets de la Convention nationale du 5 octobre 1793, du 1er. jour du 2e. mois et du 4 frimaire de l'an 2, et fut aboli par le sénatus-consulte du 22 fructidor an 13, à partir du 11 nivose an 14 (1er. janvier 1806).

AN 2.	1793.	AN 2.	1793.	AN 2.	1793.
Vendémiaire. 1	*Septembre.* 22	15	6	29	20
2	23	16	7	30	21
3	24	17	8	*Brumaire.* 1	22
4	25	18	9	2	23
5	26	19	10	3	24
6	27	20	11	4	25
7	28	21	12	5	26
8	29	22	13	6	27
9	30	23	14	7	28
10	*Octobre.* 1	24	15	8	29
11	2	25	16	9	30
12	3	26	17	10	31
13	4	27	18	11	*Nov.* 1
14	5	28	19	12	2

AN 2. (Frimaire / Nivose / Pluviose)	1793 (Décembre)	AN 2.	1793 (Janvier 1794)	AN 2.	1794 (Février)
13	3	18	8	23	12
14	4	19	9	24	13
15	5	20	10	25	14
16	6	21	11	26	15
17	7	22	12	27	16
18	8	23	13	28	17
19	9	24	14	29	18
20	10	25	15	30	19
21	11	26	16	1 (Pluviose)	20
22	12	27	17	2	21
23	13	28	18	3	22
24	14	29	19	4	23
25	15	30	20	5	24
26	16	1 (Nivose)	21	6	25
27	17	2	22	7	26
28	18	3	23	8	27
29	19	4	24	9	28
30	20	5	25	10	29
1 (Frimaire)	21	6	26	11	30
2	22	7	27	12	31
3	23	8	28	13	1 (Février)
4	24	9	29	14	2
5	25	10	30	15	3
6	26	11	31	16	4
7	27	12	1 (Janvier 1794)	17	5
8	28	13	2	18	6
9	29	14	3	19	7
10	30	15	4	20	8
11	1 (Décembre)	16	5	21	9
12	2	17	6	22	10
13	3	18	7	23	11
14	4	19	8	24	12
15	5	20	9	25	13
16	6	21	10	26	14
17	7	22	11	27	15

AN 2.	1794.	AN 2.	1794.	AN 2.	1794.
28	16	3	23	8	27
29	17	4	24	9	28
30	18	5	25	10	29
1 *Ventose.*	19	6	26	11	30
2	20	7	27	12	1 *Mai.*
3	21	8	28	13	2
4	22	9	29	14	3
5	23	10	30	15	4
6	24	11	31	16	5
7	25	12	1 *Avril.*	17	6
8	26	13	2	18	7
9	27	14	3	19	8
10	28	15	4	20	9
11	1 *Mars.*	16	5	21	10
12	2	17	6	22	11
13	3	18	7	23	12
14	4	19	8	24	13
15	5	20	9	25	14
16	6	21	10	26	15
17	7	22	11	27	16
18	8	23	12	28	17
19	9	24	13	29	18
20	10	25	14	30	19
21	11	26	15	1 *Prairial.*	20
22	12	27	16	2	21
23	13	28	17	3	22
24	14	29	18	4	23
25	15	30	19	5	24
26	16	1 *Floréal.*	20	6	25
27	17	2	21	7	26
28	18	3	22	8	27
29	19	4	23	9	28
30	20	5	24	10	29
1 *Ger.*	21	6	25	11	30
2	22	7	26	12	31

AN 2.	1794.	AN 2.	1794.	AN 2.	1794.
Messidor.	*Juin.*	*Thermidor.*		*Fructidor.*	
13	1	18	6	23	10
14	2	19	7	24	11
15	3	20	8	25	12
16	4	21	9	26	13
17	5	22	10	27	14
18	6	23	11	28	15
19	7	24	12	29	16
20	8	25	13	30	17
21	9	26	14	*Fructidor.* 1	18
22	10	27	15	2	19
23	11	28	16	3	20
24	12	29	17	4	21
25	13	30	18	5	22
26	14	*Thermidor.* 1	19	6	23
27	15	2	20	7	24
28	16	3	21	8	25
29	17	4	22	9	26
30	18	5	23	10	27
Messidor. 1	19	6	24	11	28
2	20	7	25	12	29
3	21	8	26	13	30
4	22	9	27	14	*Septembre.* 1
5	23	10	28	15	2
6	24	11	29	16	3
7	25	12	30	17	4
8	26	13	31	18	5
9	27	14	*Août.* 1	19	6
10	28	15	2	20	7
11	29	16	3	21	8
12	30	17	4	22	9
13	*Juillet.* 1	18	5	23	10
14	2	19	6	24	11
15	3	20	7	25	12
16	4	21	8	26	13
17	5	22	9	27	13

Vendémiaire an 3. J. compl. — Octobre. | Brumaire. — Frim. — Novembre. | Nivose. — Décembre.

AN 3.	1794.	AN 3.	1794.	AN 3.	1794.
28	14	28	19	3	23
29	15	29	20	4	24
30	16	30	21	5	25
1	17	1	22	6	26
2	18	2	23	7	27
3	19	3	24	8	28
4	20	4	25	9	29
5	21	5	26	10	30
1	22	6	27	11	1
2	23	7	28	12	2
3	24	8	29	13	3
4	25	9	30	14	4
5	26	10	31	15	5
6	27	11	1	16	6
7	28	12	2	17	7
8	29	13	3	18	8
9	30	14	4	19	9
10	1	15	5	20	10
11	2	16	6	21	11
12	3	17	7	22	12
13	4	18	8	23	13
14	5	19	9	24	14
15	6	20	10	25	15
16	7	21	11	26	16
17	8	22	12	27	17
18	9	23	13	28	18
19	10	24	14	29	19
20	11	25	15	30	20
21	12	26	16	1	21
22	13	27	17	2	22
23	14	28	18	3	23
24	15	29	19	4	24
25	16	30	20	5	25
26	17	1	21	6	26
27	18	2	22	7	27

AN 3.	1794.	AN 3.	1795.	AN 3.	1795.
Pluviose. 8	28	*Ventose.* 13	*Février.* 1	*Germinal.* 18	8
9	29	14	2	19	9
10	30	15	3	20	10
11	31	16	4	21	11
12	*Janvier 1795.* 1	17	5	22	12
13	2	18	6	23	13
14	3	19	7	24	14
15	4	20	8	25	15
16	5	21	9	26	16
17	6	22	10	27	17
18	7	23	11	28	18
19	8	24	12	29	19
20	9	25	13	30	20
21	10	26	14	1	21
22	11	27	15	2	22
23	12	28	16	3	23
24	13	29	17	4	24
25	14	30	18	5	25
26	15	1	19	6	26
27	16	2	20	7	27
28	17	3	21	8	28
29	18	4	22	9	29
30	19	5	23	10	30
1	20	6	24	11	31
2	21	7	25	12	*Avril.* 1
3	22	8	26	13	2
4	23	9	27	14	3
5	24	10	28	15	4
6	25	11	*Mars.* 1	16	5
7	26	12	2	17	6
8	27	13	3	18	7
9	28	14	4	19	8
10	29	15	5	20	9
11	30	16	6	21	10
12	31	17	7	22	11

AN 3.

AN 3.	1795.	AN 3.	1795.	AN 3.	1795.
23 *(Floréal)*	12	28	17	3	21
24	13	29	18	4	22
25	14	30	19	5	23
26	15	1 *(Prairial)*	20	6	24
27	16	2	21	7	25
28	17	3	22	8	26
29	18	4	23	9	27
30	19	5	24	10	28
1	20	6	25	11	29
2	21	7	26	12	30
3	22	8	27	13	1 *(Juillet)*
4	23	9	28	14	2
5	24	10	29	15	3
6	25	11	30	16	4
7	26	12	31	17	5
8	27	13	1 *(Juin)*	18	6
9	28	14	2	19	7
10	29	15	3	20	8
11	30	16	4	21	9
12	1 *(Mai)*	17	5	22	10
13	2	18	6	23	11
14	3	19	7	24	12
15	4	20	8	25	13
16	5	21	9	26	14
17	6	22	10	27	15
18	7	23	11	28	16
19	8	24	12	29	17
20	9	25	13	30	18
21	10	26	14	1 *(Thermid.)*	19
22	11	27	15	2	20
23	12	28	16	3	21
24	13	29	17	4	22
25	14	30	18	5	23
26	15	1 *(Mes.)*	19	6	24
27	16	2	20	7	25

AN 3.	1795.	AN 3.	1795.	AN 4.	1795.
8	26	13	30	12	4
9	27	14	31	13	5
10	28	15	1	14	6
11	29	16	2	15	7
12	30	17	3	16	8
13	31	18	4	17	9
14	1	19	5	18	10
15	2	20	6	19	11
16	3	21	7	20	12
17	4	22	8	21	13
18	5	23	9	22	14
19	6	24	10	23	15
20	7	25	11	24	16
21	8	26	12	25	17
22	9	27	13	26	18
23	10	28	14	27	19
24	11	29	15	28	20
25	12	30	16	29	21
26	13	1	17	30	22
27	14	2	18	1	23
28	15	3	19	2	24
29	16	4	20	3	25
30	17	5	21	4	26
1	18	6	22	5	27
2	19	1	23	6	28
3	20	2	24	7	29
4	21	3	25	8	30
5	22	4	26	9	31
6	23	5	27	10	1
7	24	6	28	11	2
8	25	7	29	12	3
9	26	8	30	13	4
10	27	9	1	14	5
11	28	10	2	15	6
12	29	11	3	16	7

Mentions de mois portées verticalement dans les colonnes : col. 1 « Fructidor. » ; col. 2 « Août. » ; col. 3 « Vendémiaire an-4. J. complém. » ; col. 4 « Septembre. », « Oct. » ; col. 5 « Brumaire. » ; col. 6 « Novembre. »

The vertical (rotated) month labels printed within the columns are, from left to right: column 1 (AN 4) *Frimaire.* ; column 2 (1795) *Décembre.* ; column 3 (AN 4) *Nivose.* ; column 4 (1795) *Janvier 1796.* ; column 5 (AN 4) *Pluviose.* ; column 6 (1796) *Février.*

AN 4.	1795.	AN 4.	1795.	AN 4.	1796.
17	8	22	13	27	17
18	9	23	14	28	18
19	10	24	15	29	19
20	11	25	16	30	20
21	12	26	17	1	21
22	13	27	18	2	22
23	14	28	19	3	23
24	15	29	20	4	24
25	16	30	21	5	25
26	17	1	22	6	26
27	18	2	23	7	27
28	19	3	24	8	28
29	20	4	25	9	29
30	21	5	26	10	30
1	22	6	27	11	31
2	23	7	28	12	1
3	24	8	29	13	2
4	25	9	30	14	3
5	26	10	31	15	4
6	27	11	1	16	5
7	28	12	2	17	6
8	29	13	3	18	7
9	30	14	4	19	8
10	1	15	5	20	9
11	2	16	6	21	10
12	3	17	7	22	11
13	4	18	8	23	12
14	5	19	9	24	13
15	6	20	10	25	14
16	7	21	11	26	15
17	8	22	12	27	16
18	9	23	13	28	17
19	10	24	14	29	18
20	11	25	15	30	19
21	12	26	16		

AN 4.	1796.	AN 4.	1796.	AN 4.	1796.
Ventose. 1	20	6	26	11	30
2	21	7	27	12	Mai. 1
3	22	8	28	13	2
4	23	9	29	14	3
5	24	10	30	15	4
6	25	11	31	16	5
7	26	12	Avril. 1	17	6
8	27	13	2	18	7
9	28	14	3	19	8
10	29	15	4	20	9
11	Mars. 1	16	5	21	10
12	2	17	6	22	11
13	3	18	7	23	12
14	4	19	8	24	13
15	5	20	9	25	14
16	6	21	10	26	15
17	7	22	11	27	16
18	8	23	12	28	17
19	9	24	13	29	18
20	10	25	14	30	19
21	11	26	15	Prairial. 1	20
22	12	27	16	2	21
23	13	28	17	3	22
24	14	29	18	4	23
25	15	30	19	5	24
26	16	Floréal. 1	20	6	25
27	17	2	21	7	26
28	18	3	22	8	27
29	19	4	23	9	28
30	20	5	24	10	29
Germinal. 1	21	6	25	11	30
2	22	7	26	12	31
3	23	8	27	13	Juin. 1
4	24	9	28	14	2
5	25	10	29	15	3

Month names printed vertically in the columns: **Messidor.** and **Juillet.** (first pair), **Thermidor.** and **Août.** (second pair), **Fructidor.** and **Septembre.** (third pair).

AN 4.	1796.	AN 4.	1796.	AN 4.	1796.
16	4	21	9	26	13
17	5	22	10	27	14
18	6	23	11	28	15
19	7	24	12	29	16
20	8	25	13	30	17
21	9	26	14	1	18
22	10	27	15	2	19
23	11	28	16	3	20
24	12	29	17	4	21
25	13	30	18	5	22
26	14	1	19	6	23
27	15	2	20	7	24
28	16	3	21	8	25
29	17	4	22	9	26
30	18	5	23	10	27
1	19	6	24	11	28
2	20	7	25	12	29
3	21	8	26	13	30
4	22	9	27	14	31
5	23	10	28	15	1
6	24	11	29	16	2
7	25	12	30	17	3
8	26	13	31	18	4
9	27	14	1	19	5
10	28	15	2	20	6
11	29	16	3	21	7
12	30	17	4	22	8
13	1	18	5	23	9
14	2	19	6	24	10
15	3	20	7	25	11
16	4	21	8	26	12
17	5	22	9	27	13
18	6	23	10	28	14
19	7	24	11	29	15
20	8	25	12	30	16

Vendémiaire an 5. J. compl. / Octobre — AN 4. · 1796.

AN 4.	1796.
1	17
2	18
3	19
4	20
5	21
1	22
2	23
3	24
4	25
5	26
6	27
7	28
8	29
9	30
10	1
11	2
12	3
13	4
14	5
15	6
16	7
17	8
18	9
19	10
20	11
21	12
22	13
23	14
24	15
25	16
26	17
27	18
28	19
29	20
30	21

Brumaire / Novembre / Frimaire — AN 5. · 1796.

AN 5.	1796.
1	22
2	23
3	24
4	25
5	26
6	27
7	28
8	29
9	30
10	31
11	1
12	2
13	3
14	4
15	5
16	6
17	7
18	8
19	9
20	10
21	11
22	12
23	13
24	14
25	15
26	16
27	17
28	18
29	19
30	20
1	21
2	22
3	23
4	24
5	25

Décembre / Nivose — AN 5. · 1796.

AN 5.	1796.
6	26
7	27
8	28
9	29
10	30
11	1
12	2
13	3
14	4
15	5
16	6
17	7
18	8
19	9
20	10
21	11
22	12
23	13
24	14
25	15
26	16
27	17
28	18
29	19
30	20
1	21
2	22
3	23
4	24
5	25
6	26
7	27
8	28
9	29
10	30

AN 5.	1796.	AN 5.	1797.	AN 5.	1797.
Pluviose. 11	31	*Ventose.* 16	4	*Germinal.* 21	11
12	*Janvier 1797.* 1	17	5	22	12
13	2	18	6	23	13
14	3	19	7	24	14
15	4	20	8	25	15
16	5	21	9	26	16
17	6	22	10	27	17
18	7	23	11	28	18
19	8	24	12	29	19
20	9	25	13	30	20
21	10	26	14	1	21
22	11	27	15	2	22
23	12	28	16	3	23
24	13	29	17	4	24
25	14	30	18	5	25
26	15	1	19	6	26
27	16	2	20	7	27
28	17	3	21	8	28
29	18	4	22	9	29
30	19	5	23	10	30
1	20	6	24	11	31
2	21	7	25	12	*Avril.* 1
3	22	8	26	13	2
4	23	9	27	14	3
5	24	10	28	15	4
6	25	11	*Mars.* 1	16	5
7	26	12	2	17	6
8	27	13	3	18	7
9	28	14	4	19	8
10	29	15	5	20	9
11	30	16	6	21	10
12	31	17	7	22	11
13	*Févr.* 1	18	8	23	12
14	2	19	9	24	13
15	3	20	10	25	14

AN 5.	1797.	AN 5.	1797.	AN 5.	1797.
26	15	Prairial. 1	20	6	24
27	16	2	21	7	25
28	17	3	22	8	26
29	18	4	23	9	27
30	19	5	24	10	28
Floréal. 1	20	6	25	11	29
2	21	7	26	12	30
3	22	8	27	13	Juillet. 1
4	23	9	28	14	2
5	24	10	29	15	3
6	25	11	30	16	4
7	26	12	31	17	5
8	27	13	Juin. 1	18	6
9	28	14	2	19	7
10	29	15	3	20	8
11	30	16	4	21	9
12	Mai. 1	17	5	22	10
13	2	18	6	23	11
14	3	19	7	24	12
15	4	20	8	25	13
16	5	21	9	26	14
17	6	22	10	27	15
18	7	23	11	28	16
19	8	24	12	29	17
20	9	25	13	30	18
21	10	26	14	Thermidor. 1	19
22	11	27	15	2	20
23	12	28	16	3	21
24	13	29	17	4	22
25	14	30	18	5	23
26	15	Messidor. 1	19	6	24
27	16	2	20	7	25
28	17	3	21	8	26
29	18	4	22	9	27
30	19	5	23	10	28

AN 5.	1797.
11	29
12	30
13	31
14	*Août.* 1
15	2
16	3
17	4
18	5
19	6
20	7
21	8
22	9
23	10
24	11
25	12
26	13
27	14
28	15
29	16
30	17
Fructidor. 1	18
2	19
3	20
4	21
5	22
6	23
7	24
8	25
9	26
10	27
11	28
12	29
13	30
14	31

AN 5.	1797.
15	*Septembre.* 1
16	2
17	3
18	4
19	5
20	6
21	7
22	8
23	9
24	10
25	11
26	12
27	13
28	14
29	15
30	16
J. compl. 1	17
2	18
3	19
4	20
5	21
Vendémiaire an 6. 1	22
2	23
3	24
4	25
5	26
6	27
7	28
8	29
9	30
10	*Octobre.* 1
11	2
12	3
13	4
14	5

AN 6.	1797.
15	6
16	7
17	8
18	9
19	10
20	11
21	12
22	13
23	14
24	15
25	16
26	17
27	18
28	19
29	20
30	21
Brumaire. 1	22
2	23
3	24
4	25
5	26
6	27
7	28
8	29
9	30
10	31
11	*Novembre.* 1
12	2
13	3
14	4
15	5
16	6
17	7
18	8
19	9

AN 6.	1797.	AN 6.	1797.	AN 6.	1798.
Frimaire.	*Décembre.*	*Nivose.*	*Janvier 1798.*	*Pluviose.* / *Ventose.*	*Février.*
20	10	25	15	30	19
21	11	26	16	1	20
22	12	27	17	2	21
23	13	28	18	3	22
24	14	29	19	4	23
25	15	30	20	5	24
26	16	1	21	6	25
27	17	2	22	7	26
28	18	3	23	8	27
29	19	4	24	9	28
30	20	5	25	10	29
1	21	6	26	11	30
2	22	7	27	12	31
3	23	8	28	13	1
4	24	9	29	14	2
5	25	10	30	15	3
6	26	11	31	16	4
7	27	12	1	17	5
8	28	13	2	18	6
9	29	14	3	19	7
10	30	15	4	20	8
11	1	16	5	21	9
12	2	17	6	22	10
13	3	18	7	23	11
14	4	19	8	24	12
15	5	20	9	25	13
16	6	21	10	26	14
17	7	22	11	27	15
18	8	23	12	28	16
19	9	24	13	29	17
20	10	25	14	30	18
21	11	26	15	1	19
22	12	27	16	2	20
23	13	28	17	3	21
24	14	29	18	4	22

AN 6.	1798.	AN 6.	1798.	AN 6.	1798.
5	23	10	30	15	4
6	24	11	31	16	5
7	25	12	1 *Avril.*	17	6
8	26	13	2	18	7
9	27	14	3	19	8
10	28	15	4	20	9
11	1 *Mars.*	16	5	21	10
12	2	17	6	22	11
13	3	18	7	23	12
14	4	19	8	24	13
15	5	20	9	25	14
16	6	21	10	26	15
17	7	22	11	27	16
18	8	23	12	28	17
19	9	24	13	29	18
20	10	25	14	30	19
21	11	26	15	1 *Prairial.*	20
22	12	27	16	2	21
23	13	28	17	3	22
24	14	29	18	4	23
25	15	30	19	5	24
26	16	1 *Floréal.*	20	6	25
27	17	2	21	7	26
28	18	3	22	8	27
29	19	4	23	9	28
30 *Germinal.*	20	5	24	10	29
1	21	6	25	11	30
2	22	7	26	12	31
3	23	8	27	13	1 *Juin.*
4	24	9	28	14	2
5	25	10	29	15	3
6	26	11	30	16	4
7	27	12	1 *Mai.*	17	5
8	28	13	2	18	6
9	29	14	3	19	7

AN 6.	1798.	AN 6.	1798.	AN 6.	1798.
Messidor. 20	8	25	13	30	17
21	9	26	14	Fructid. 1	18
22	10	27	15	2	19
23	11	28	16	3	20
24	12	29	17	4	21
25	13	30	18	5	22
26	14	Thermid. 1	19	6	23
27	15	2	20	7	24
28	16	3	21	8	25
29	17	4	22	9	26
30	18	5	23	10	27
1	19	6	24	11	28
2	20	7	25	12	29
3	21	8	26	13	30
4	22	9	27	14	31
5	23	10	28	15	Septembre. 1
6	24	11	29	16	2
7	25	12	30	17	3
8	26	13	31	18	4
9	27	14	Août. 1	19	5
10	28	15	2	20	6
11	29	16	3	21	7
12	30	17	4	22	8
13	Juillet. 1	18	5	23	9
14	2	19	6	24	10
15	3	20	7	25	11
16	4	21	8	26	12
17	5	22	9	27	13
18	6	23	10	28	14
19	7	24	11	29	15
20	8	25	12	30	16
21	9	26	13	J. comp. 1	17
22	10	27	14	2	18
23	11	28	15	3	19
24	12	29	16	4	20

AN 6.

AN 6. — 1798.

Vendémiaire an 7.	Octobre.
5	21
1	22
2	23
3	24
4	25
5	26
6	27
7	28
8	29
9	30
10	Octobre. 1
11	2
12	3
13	4
14	5
15	6
16	7
17	8
18	9
19	10
20	11
21	12
22	13
23	14
24	15
25	16
26	17
27	18
28	19
29	20
30	21
Brum. 1	22
2	23
3	24
4	25

AN 7. — 1798.

(Brumaire)	Novembre.
5	26
6	27
7	28
8	29
9	30
10	31
11	Novembre. 1
12	2
13	3
14	4
15	5
16	6
17	7
18	8
19	9
20	10
21	11
22	12
23	13
24	14
25	15
26	16
27	17
28	18
29	19
30	20
Frimaire. 1	21
2	22
3	23
4	24
5	25
6	26
7	27
8	28
9	29

AN 7. — 1798.

(Frimaire)	Décemb.
10	30
11	Décemb. 1
12	2
13	3
14	4
15	5
16	6
17	7
18	8
19	9
20	10
21	11
22	12
23	13
24	14
25	15
26	16
27	17
28	18
29	19
30	20
Nivose. 1	21
2	22
3	23
4	24
5	25
6	26
7	27
8	28
9	29
10	30
11	31
12	Janv. 1799. 1
13	2
14	3

AN 7.	1799.
15	4
16	5
17	6
18	7
19	8
20	9
21	10
22	11
23	12
24	13
25	14
26	15
27	16
28	17
29	18
30	19
Pluviose. 1	20
2	21
3	22
4	23
5	24
6	25
7	26
8	27
9	28
10	29
11	30
12	31
13	Février. 1
14	2
15	3
16	4
17	5
18	6
10	7

AN 7.	1799.
20	8
21	9
22	10
23	11
24	12
25	13
26	14
27	15
28	16
29	17
30	18
Ventose. 1	19
2	20
3	21
4	22
5	23
6	24
7	25
8	26
9	27
10	28
11	Mars. 1
12	2
13	3
14	4
15	5
16	6
17	7
18	8
19	9
20	10
21	11
22	12
23	13
24	14

AN 7.	1799.
25	15
26	16
27	17
28	18
29	19
30	20
Germinal. 1	21
2	22
3	23
4	24
5	25
6	26
7	27
8	28
9	29
10	30
11	31
12	Avril. 1
13	2
14	3
15	4
16	5
17	6
18	7
19	8
20	9
21	10
22	11
23	12
24	13
25	14
26	15
27	16
28	17
29	18

Floréal. — Prairial. (An 7) / Mai. (1799) — Prairial. — Messidor. (An 7) / Juin. (1799) — Messidor. — Thermid. (An 7) / Juillet. (1799)

AN. 7.	1799.	AN 7.	1799.	AN 7.	1799.
30	19	5	24	10	28
1	20	6	25	11	29
2	21	7	26	12	30
3	22	8	27	13	1
4	23	9	28	14	2
5	24	10	29	15	3
6	25	11	30	16	4
7	26	12	31	17	5
8	27	13	1	18	6
9	28	14	2	19	7
10	29	15	3	20	8
11	30	16	4	21	9
12	1	17	5	22	10
13	2	18	6	23	11
14	3	19	7	24	12
15	4	20	8	25	13
16	5	21	9	26	14
17	6	22	10	27	15
18	7	23	11	28	16
19	8	24	12	29	17
20	9	25	13	30	18
21	10	26	14	1	19
22	11	27	15	2	20
23	12	28	16	3	21
24	13	29	17	4	22
25	14	30	18	5	23
26	15	1	19	6	24
27	16	2	20	7	25
28	17	3	21	8	26
29	18	4	22	9	27
30	19	5	23	10	28
1	20	6	24	11	29
2	21	7	25	12	30
3	22	8	26	13	31
4	23	9	27		

18..

AN 7.	1799.	AN 7.	1799.	AN 8.	1799.
14	1 *(Août.)*	19	5	18	10
15	2	20	6	19	11
16	3	21	7	20	12
17	4	22	8	21	13
18	5	23	9	22	14
19	6	24	10	23	15
20	7	25	11	24	16
21	8	26	12	25	17
22	9	27	13	26	18
23	10	28	14	27	19
24	11	29	15	28	20
25	12	30	16	29	21
26	13	1 *(J. complem.)*	17	30	22
27	14	2	18	1 *(Brum.)*	23
28	15	3	19	2	24
29	16	4	20	3	25
30	17	5	21	4	26
1 *(Fructidor.)*	18	6	22	5	27
2	19	1 *(Vendémiaire an 8.)*	23	6	28
3	20	2	24	7	29
4	21	3	25	8	30
5	22	4	26	9	31
6	23	5	27	10	1 *(Novemb.)*
7	24	6	28	11	2
8	25	7	29	12	3
9	26	8	30	13	4
10	27	9	1 *(Octobre.)*	14	5
11	28	10	2	15	6
12	29	11	3	16	7
13	30	12	4	17	8
14	31	13	5	18	9
15	1 *(Sept.)*	14	6	19	10
16	2	15	7	20	11
17	3	16	8	21	12
18	4	17	9	22	13

AN 8.	1799.	AN 8.	1799.	AN 8.	1800.
23	14	28	19	3	23
24	15	29	20	4	24
25	16	30	21	5	25
26	17	1	22	6	26
27	18	2	23	7	27
28	19	3	24	8	28
29	20	4	25	9	29
30	21	5	26	10	30
1	22	6	27	11	31
2	23	7	28	12	1
3	24	8	29	13	2
4	25	9	30	14	3
5	26	10	31	15	4
6	27	11	1	16	5
7	28	12	2	17	6
8	29	13	3	18	7
9	30	14	4	19	8
10	1	15	5	20	9
11	2	16	6	21	10
12	3	17	7	22	11
13	4	18	8	23	12
14	5	19	9	24	13
15	6	20	10	25	14
16	7	21	11	26	15
17	8	22	12	27	16
18	9	23	13	28	17
19	10	24	14	29	18
20	11	25	15	30	19
21	12	26	16	1	20
22	13	27	17	2	21
23	14	28	18	3	22
24	15	29	19	4	23
25	16	30	20	5	24
26	17	1	21	6	25
27	18	2	22	7	26

Frimaire. — Décembr. — Nivose. — Janvier 1800. — Pluv. — Ventose. — Févr.

18...

Tableau de concordance (an 8 / 1800). Colonnes gauche : **Germinal** (an 8) / **Mars.**, **Avril.** (1800) ; colonnes du milieu : **Floréal** (an 8) / **Mai.** (1800) ; colonnes de droite : **Prairial** (an 8) / **Juin.** (1800).

AN 8.	1800.	AN 8.	1800.	AN 8.	1800.
8	27	13	3	18	8
9	28	14	4	19	9
10	1	15	5	20	10
11	2	16	6	21	11
12	3	17	7	22	12
13	4	18	8	23	13
14	5	19	9	24	14
15	6	20	10	25	15
16	7	21	11	26	16
17	8	22	12	27	17
18	9	23	13	28	18
19	10	24	14	29	19
20	11	25	15	30	20
21	12	26	16	1	21
22	13	27	17	2	22
23	14	28	18	3	23
24	15	29	19	4	24
25	16	30	20	5	25
26	17	1	21	6	26
27	18	2	22	7	27
28	19	3	23	8	28
29	20	4	24	9	29
30	21	5	25	10	30
1	22	6	26	11	31
2	23	7	27	12	1
3	24	8	28	13	2
4	25	9	29	14	3
5	26	10	30	15	4
6	27	11	1	16	5
7	28	12	2	17	6
8	29	13	3	18	7
9	30	14	4	19	8
10	31	15	5	20	9
11	1	16	6	21	10
12	2	17	7	22	11

Vertical month labels in the An 8 columns: *Messidor*, *Thermidor*, *Fruct.*, *J. compl.*; in the 1800 columns: *Juillet*, *Août*, *Septembre*.

An 8.	1800.	An 8.	1800.	An 8.	1800.
23	12	28	17	3	21
24	13	29	18	4	22
25	14	30	19	5	23
26	15	1	20	6	24
27	16	2	21	7	25
28	17	3	22	8	26
29	18	4	23	9	27
30	19	5	24	10	28
1	20	6	25	11	29
2	21	7	26	12	30
3	22	8	27	13	31
4	23	9	28	14	1
5	24	10	29	15	2
6	25	11	30	16	3
7	26	12	31	17	4
8	27	13	1	18	5
9	28	14	2	19	6
10	29	15	3	20	7
11	30	16	4	21	8
12	1	17	5	22	9
13	2	18	6	23	10
14	3	19	7	24	11
15	4	20	8	25	12
16	5	21	9	26	13
17	6	22	10	27	14
18	7	23	11	28	15
19	8	24	12	29	16
20	9	25	13	30	17
21	10	26	14	1	18
22	11	27	15	2	19
23	12	28	16	3	20
24	13	29	17	4	21
25	14	30	18	5	22
26	15	1	19		
27	16	2	20		

AN 9.	1800.
Vendémiaire.	**Octobr.**
1	23
2	24
3	25
4	26
5	27
6	28
7	29
8	30
9	1
10	2
11	3
12	4
13	5
14	6
15	7
16	8
17	9
18	10
19	11
20	12
21	13
22	14
23	15
24	16
25	17
26	18
27	19
28	20
29	21
30	22
Brum. 1	23
2	24
3	25
4	26
5	27

AN 9.	1800.
	Novemb.
6	28
7	29
8	30
9	31
10	1
11	2
12	3
13	4
14	5
15	6
16	7
17	8
18	9
19	10
20	11
21	12
22	13
23	14
24	15
25	16
26	17
27	18
28	19
29	20
30	21
Frimaire. 1	22
2	23
3	24
4	25
5	26
6	27
7	28
8	29
9	30

AN 9.	1800.
Nivose.	**Décembre.**
10	1
11	2
12	3
13	4
14	5
15	6
16	7
17	8
18	9
19	10
20	11
21	12
22	13
23	14
24	15
25	16
26	17
27	18
28	19
29	20
30	21
Nivose. 1	22
2	23
3	24
4	25
5	26
6	27
7	28
8	29
9	30
10	31
11	**Janv. 1801.** 1
12	2
13	3
14	4

(213)

AN 9.	1801.
15	5
16	6
17	7
18	8
19	9
20	10
21	11
22	12
23	13
24	14
25	15
26	16
27	17
28	18
29	19
30	20
Pluviose. 1	21
2	22
3	23
4	24
5	25
6	26
7	27
8	28
9	29
10	30
11	31
12	Février. 1
13	2
14	3
15	4
16	5
17	6
18	7
19	8

AN 9.	1801.
20	9
21	10
22	11
23	12
24	13
25	14
26	15
27	16
28	17
29	18
30	19
Ventose. 1	20
2	21
3	22
4	23
5	24
6	25
7	26
8	27
9	28
10	Mars. 1
11	2
12	3
13	4
14	5
15	6
16	7
17	8
18	9
19	10
20	11
21	12
22	13
23	14
24	15

AN 9.	1801.
25	16
26	17
27	18
28	19
29	20
30	21
Germinal. 1	22
2	23
3	24
4	25
5	26
6	27
7	28
8	29
9	30
10	31
11	Avril. 1
12	2
13	3
14	4
15	5
16	6
17	7
18	8
19	9
20	10
21	11
22	12
23	13
24	14
25	15
26	16
27	17
28	18
29	19

AN 9.	1801.	AN 9.	1801.	AN 9.	1801.
Floréal 30	20	5	25	10	29
1	21	6	26	11	30
2	22	7	27	12	Juillet 1
3	23	8	28	13	2
4	24	9	29	14	3
5	25	10	30	15	4
6	26	11	31	16	5
7	27	12	Juin 1	17	6
8	28	13	2	18	7
9	29	14	3	19	8
10	30	15	4	20	9
11	Mai 1	16	5	21	10
12	2	17	6	22	11
13	3	18	7	23	12
14	4	19	8	24	13
15	5	20	9	25	14
16	6	21	10	26	15
17	7	22	11	27	16
18	8	23	12	28	17
19	9	24	13	29	18
20	10	25	14	30	19
21	11	26	15	Thermid. 1	20
22	12	27	16	2	21
23	13	28	17	3	22
24	14	29	18	4	23
25	15	30	19	5	24
26	16	Messidor 1	20	6	25
27	17	2	21	7	26
28	18	3	22	8	27
29	19	4	23	9	28
30	20	5	24	10	29
Prairial 1	21	6	25	11	30
2	22	7	26	12	31
3	23	8	27	13	Août 1
4	24	9	28	14	2

AN 9.	1801.	AN 9.	1801.	AN 10.	1801.
15	3	20	7	20	12
16	4	21	8	21	13
17	5	22	9	22	14
18	6	23	10	23	15
19	7	24	11	24	16
20	8	25	12	25	17
21	9	26	13	26	18
22	10	27	14	27	19
23	11	28	15	28	20
24	12	29	16	29	21
25	13	30	17	30	22
26	14	J. compl. 1	18	Brum. 1	23
27	15	2	19	2	24
28	16	3	20	3	25
29	17	4	21	4	26
30	18	5	22	5	27
Fructidor. 1	19	Vendémiaire an 10. 1	23	6	28
2	20	2	24	7	29
3	21	3	25	8	30
4	22	4	26	9	31
5	23	5	27	10	Novembre. 1
6	24	6	28	11	2
7	25	7	29	12	3
8	26	8	30	13	4
9	27	9	Octobre. 1	14	5
10	28	10	2	15	6
11	29	11	3	16	7
12	30	12	4	17	8
13	31	13	5	18	9
14	Septembre. 1	14	6	19	10
15	2	15	7	20	11
16	3	16	8	21	12
17	4	17	9	22	13
18	5	18	10	23	14
19	6	19	11	24	15

AN 10.	1801.	AN 10.	1801.	AN 10.	1802.
Frimaire.	Décembre.	Nivose. Pluviose.	Janvier 1802.	Ventose.	Février.
25	16	30	21	5	25
26	17	1	22	6	26
27	18	2	23	7	27
28	19	3	24	8	28
29	20	4	25	9	29
30	21	5	26	10	30
1	22	6	27	11	31
2	23	7	28	12	1
3	24	8	29	13	2
4	25	9	30	14	3
5	26	10	31	15	4
6	27	11	1	16	5
7	28	12	2	17	6
8	29	13	3	18	7
9	30	14	4	19	8
10	1	15	5	20	9
11	2	16	6	21	10
12	3	17	7	22	11
13	4	18	8	23	12
14	5	19	9	24	13
15	6	20	10	25	14
16	7	21	11	26	15
17	8	22	12	27	16
18	9	23	13	28	17
19	10	24	14	29	18
20	11	25	15	30	19
21	12	26	16	1	20
22	13	27	17	2	21
23	14	28	18	3	22
24	15	29	19	4	23
25	16	30	20	5	24
26	17	1	21	6	25
27	18	2	22	7	26
28	19	3	23	8	27
29	20	4	24	9	28

AN 10.

AN 10.	1802.	AN 10.	1802.	AN 10.	1802.
Germinal. 10	Mars. 1	15	5	20	10
11	2	16	6	21	11
12	3	17	7	22	12
13	4	18	8	23	13
14	5	19	9	24	14
16	6	20	10	25	15
15	7	21	11	26	16
17	8	22	12	27	17
18	9	23	13	28	18
19	10	24	14	29	19
20	11	25	15	30	20
21	12	26	16	Prairial. 1	21
22	13	27	17	2	22
23	14	28	18	3	23
24	15	29	19	4	24
25	16	30	20	5	25
26	17	Floréal. 1	21	6	26
27	18	2	22	7	27
28	19	3	23	8	28
29	20	4	24	9	29
30	21	5	25	10	30
1	22	6	26	11	31
2	23	7	27	12	Juin. 1
3	24	8	28	13	2
4	25	9	29	14	3
5	26	10	30	15	4
6	27	11	Mai. 1	16	5
7	28	12	2	17	6
8	29	13	3	18	7
9	30	14	4	19	8
10	31	15	5	20	9
11	Avril. 1	16	6	21	10
12	2	17	7	22	11
13	3	18	8	23	12
14	4	19	9	24	13

AN 10.	1802.	AN 10.	1802.	AN 10.	1802.
25	14	30	19	5	23
26	15	Thermidor. 1	20	6	24
27	16	2	21	7	25
28	17	3	22	8	26
29	18	4	23	9	27
30	19	5	24	10	28
Messidor. 1	20	6	25	11	29
2	21	7	26	12	30
3	22	8	27	13	31
4	23	9	28	14	Septembre. 1
5	24	10	29	15	2
6	25	11	30	16	3
7	26	12	31	17	4
8	27	13	Août. 1	18	5
9	28	14	2	19	6
10	29	15	3	20	7
11	30	16	4	21	8
12	Juillet. 1	17	5	22	9
13	2	18	6	23	10
14	3	19	7	24	11
15	4	20	8	25	12
16	5	21	9	26	13
17	6	22	10	27	14
18	7	23	11	28	15
19	8	24	12	29	16
20	9	25	13	30	17
21	10	26	14	V. an 11. J. compl. 1	18
22	11	27	15	2	19
23	12	28	16	3	20
24	13	29	17	4	21
25	14	30	18	5	22
26	15	Fruct. 1	19	1	23
27	16	2	20	2	24
28	17	3	21	3	25
29	18	4	22	4	26

AN 11.	1802.	AN 11.	1802.	AN 11.	1802.
5	27	10	1 (Novembre)	15	6
6	28	11	2	16	7
7	29	12	3	17	8
8	30	13	4	18	9
9	1 (Octobre)	14	5	19	10
10	2	15	6	20	11
11	3	16	7	21	12
12	4	17	8	22	13
13	5	18	9	23	14
14	6	19	10	24	15
15	7	20	11	25	16
16	8	21	12	26	17
17	9	22	13	27	18
18	10	23	14	28	19
19	11	24	15	29	20
20	12	25	16	30	21
21	13	26	17	1 (Nivose)	22
22	14	27	18	2	23
23	15	28	19	3	24
24	16	29	20	4	25
25	17	30	21	5	26
26	18	1 (Frimaire)	22	6	27
27	19	2	23	7	28
28	20	3	24	8	29
29	21	4	25	9	30
30	22	5	26	10	31
1 (Brumaire)	23	6	27	11	1 (Janvier 1803)
2	24	7	28	12	2
3	25	8	29	13	3
4	26	9	30	14	4
5	27	10	1 (Décemb.)	15	5
6	28	11	2	16	6
7	29	12	3	17	7
8	30	13	4	18	8
9	31	14	5	19	9

AN 11.	1803.	AN 11.	1803.	AN 11.	1803.
20	10	25	14	30	21
21	11	26	15	1 *(Germinal)*	22
22	12	27	16	2	23
23	13	28	17	3	24
24	14	29	18	4	25
25	15	30	19	5	26
26	16	1 *(Ventose)*	20	6	27
27	17	2	21	7	28
28	18	3	22	8	29
29	19	4	23	9	30
30	20	5	24	10	31
1 *(Pluviose)*	21	6	25	11	1 *(Avril)*
2	22	7	26	12	2
3	23	8	27	13	3
4	24	9	28	14	4
5	25	10	1 *(Mars)*	15	5
6	26	11	2	16	6
7	27	12	3	17	7
8	28	13	4	18	8
9	29	14	5	19	9
10	30	15	6	20	10
11	31	16	7	21	11
12	1 *(Février)*	17	8	22	12
13	2	18	9	23	13
14	3	19	10	24	14
15	4	20	11	25	15
16	5	21	12	26	16
17	6	22	13	27	17
18	7	23	14	28	18
19	8	24	15	29	19
20	9	25	16	30	20
21	10	26	17	1 *(Floréal)*	21
22	11	27	18	2	22
23	12	28	19	3	23
24	13	29	20	4	24

AN 11.	1803.	AN 11.	1803.	AN 11.	1803.
5	25	10	30	15	4
6	26	11	31	16	5
7	27	12	Juin. 1	17	6
8	28	13	2	18	7
9	29	14	3	19	8
10	30	15	4	20	9
11	Mai. 1	16	5	21	10
12	2	17	6	22	11
13	3	18	7	23	12
14	4	19	8	24	13
15	5	20	9	25	14
16	6	21	10	26	15
17	7	22	11	27	16
18	8	23	12	28	17
19	9	24	13	29	18
20	10	25	14	30	19
21	11	26	15	Thermidor. 1	20
22	12	27	16	2	21
23	13	28	17	3	22
24	14	29	18	4	23
25	15	30	19	5	24
26	16	Messidor. 1	20	6	25
27	17	2	21	7	26
28	18	3	22	8	27
29	19	4	23	9	28
30	20	5	24	10	29
Prairial. 1	21	6	25	11	30
2	22	7	26	12	31
3	23	8	27	13	Août. 1
4	24	9	28	14	2
5	25	10	29	15	3
6	26	11	30	16	4
7	27	12	Juillet. 1	17	5
8	28	13	2	18	6
9	29	14	3	19	7

Mois républicains : Fructidor · Vendémiaire an 12. J. complém. · Brumaire.
Mois grégoriens : Septembre · Octobre · Novembre.

AN 11.	1803.	AN 11.	1803.	AN 12.	1803.
20	8	25	12	24	17
21	9	26	13	25	18
22	10	27	14	26	19
23	11	28	15	27	20
24	12	29	16	28	21
25	13	30	17	29	22
26	14	1	18	30	23
27	15	2	19	1	24
28	16	3	20	2	25
29	17	4	21	3	26
30	18	5	22	4	27
1	19	6	23	5	28
2	20	1	24	6	29
3	21	2	25	7	30
4	22	3	26	8	31
5	23	4	27	9	1
6	24	5	28	10	2
7	25	6	29	11	3
8	26	7	30	12	4
9	27	8	1	13	5
10	28	9	2	14	6
11	29	10	3	15	7
12	30	11	4	16	8
13	31	12	5	17	9
14	1	13	6	18	10
15	2	14	7	19	11
16	3	15	8	20	12
17	4	16	9	21	13
18	5	17	10	22	14
19	6	18	11	23	15
20	7	19	12	24	16
21	8	20	13	25	17
22	9	21	14	26	18
23	10	22	15	27	19
24	11	23	16	28	20

AN 12.	1803.	AN 12.	1803	AN 12.	1804.
29	21	4	26	9	30
30	22	5	27	10	31
Frimaire. 1	23	6	28	11	Février. 1
2	24	7	29	12	2
3	25	8	30	13	3
4	26	9	31	14	4
5	27	10	Janvier 1804. 1	15	5
6	28	11	2	16	6
7	29	12	3	17	7
8	30	13	4	18	8
9	Décembre. 1	14	5	19	9
10	2	15	6	20	10
11	3	16	7	21	11
12	4	17	8	22	12
13	5	18	9	23	13
14	6	19	10	24	14
15	7	20	11	25	15
16	8	21	12	26	16
17	9	22	13	27	17
18	10	23	14	28	18
19	11	24	15	29	19
20	12	25	16	30	20
21	13	26	17	Ventôse. 1	21
22	14	27	18	2	22
23	15	28	19	3	23
24	16	29	20	4	24
25	17	30	21	5	25
26	18	Pluviôse. 1	22	6	26
27	19	2	23	7	27
28	20	3	24	8	28
29	21	4	25	9	29
30	22	5	26	10	Mars. 1
Niv. 1	23	6	27	11	2
2	24	7	28	12	3
3	25	8	29	13	4

AN 12.	1804.	AN 12.	1804.	AN 12.	1804.
14	5	19	9	24	14
15	6	20	10	25	15
16	7	21	11	26	16
17	8	22	12	27	17
18	9	23	13	28	18
19	10	24	14	29	19
20	11	25	15	30	20
21	12	26	16	1	21
22	13	27	17	2	22
23	14	28	18	3	23
24	15	29	19	4	24
25	16	30	20	5	25
26	17	1	21	6	26
27	18	2	22	7	27
28	19	3	23	8	28
29	20	4	24	9	29
30	21	5	25	10	30
1	22	6	26	11	31
2	23	7	27	12	1
3	24	8	28	13	2
4	25	9	29	14	3
5	26	10	30	15	4
6	27	11	1	16	5
7	28	12	2	17	6
8	29	13	3	18	7
9	30	14	4	19	8
10	31	15	5	20	9
11	1	16	6	21	10
12	2	17	7	22	11
13	3	18	8	23	12
14	4	19	9	24	13
15	5	20	10	25	14
16	6	21	11	26	15
17	7	22	12	27	16
18	8	23	13	28	17

Month labels printed vertically in the gutters: *Germinal.*, *Avril.*, *Floréal.*, *Mai.*, *Prairial.*, *Juin.*

AN 12.	1804.	AN 12.	1804.	AN 12.	1804.
Messidor.			*Août.*		*Septembre.*
29	18	4	23	9	27
30	19	5	24	10	28
1	20	6	25	11	29
2	21	7	26	12	30
3	22	8	27	13	31
4	23	9	28	14	1
5	24	10	29	15	2
6	25	11	30	16	3
7	26	12	31	17	4
8	27	13	1	18	5
9	28	14	2	19	6
10	29	15	3	20	7
11	30	16	4	21	8
12	1	17	5	22	9
13	2	18	6	23	10
14	3	19	7	24	11
15	4	20	8	25	12
16	5	21	9	26	13
17	6	22	10	27	14
18	7	23	11	28	15
19	8	24	12	29	16
20	9	25	13	30	17
21	10	26	14	1	18
22	11	27	15	2	19
23	12	28	16	3	20
24	13	29	17	4	21
25	14	30	18	5	22
26	15	1	19	1	23
27	16	2	20	2	24
28	17	3	21	3	25
29	18	4	22	4	26
30	19	5	23	5	27
1	20	6	24	6	28
2	21	7	25	7	29
3	22	8	26	8	30

Column 1 labels (vertical): *Messidor.* then *Therm.*
Column 2 label (vertical): *Juillet.*
Column 3 label (vertical): *Fructidor.*
Column 4 label (vertical): *Août.*
Column 5 labels (vertical): *Vendém. an 13. J. compl.*
Column 6 label (vertical): *Septembre.*

AN 13.	1804.	AN 13.	1804.	AN 13.	1804.
9	Octobre. 1	14	5	19	10
10	2	15	6	20	11
11	3	16	7	21	12
12	4	17	8	22	13
13	5	18	9	23	14
14	6	19	10	24	15
15	7	20	11	25	16
16	8	21	12	26	17
17	9	22	13	27	18
18	10	23	14	28	19
19	11	24	15	29	20
20	12	25	16	30	21
21	13	26	17	Nivose. 1	22
22	14	27	18	2	23
23	15	28	19	3	24
24	16	29	20	4	25
25	17	30	21	5	26
26	18	Frimaire. 1	22	6	27
27	19	2	23	7	28
28	20	3	24	8	29
29	21	4	25	9	30
30	22	5	26	10	31
Brumaire. 1	23	6	27	11	Janvier 1805. 1
2	24	7	28	12	2
3	25	8	29	13	3
4	26	9	30	14	4
5	27	10	Décembre. 1	15	5
6	28	11	2	16	6
7	29	12	3	17	7
8	30	13	4	18	8
9	31	14	5	19	9
10	Nov. 1	15	6	20	10
11	2	16	7	21	11
12	3	17	8	22	12
13	4	18	9	23	13

AN 13.	1805.	AN 13.	1805.	AN 13.	1805.
24	14	29	18	4	25
25	15	30	19	5	26
26	16	1	20	6	27
27	17	2	21	7	28
28	18	3	22	8	29
29	19	4	23	9	30
30	20	5	24	10	31
1	21	6	25	11	1
2	22	7	26	12	2
3	23	8	27	13	3
4	24	9	28	14	4
5	25	10	1	15	5
6	26	11	2	16	6
7	27	12	3	17	7
8	28	13	4	18	8
9	29	14	5	19	9
10	30	15	6	20	10
11	31	16	7	21	11
12	1	17	8	22	12
13	2	18	9	23	13
14	3	19	10	24	14
15	4	20	11	25	15
16	5	21	12	26	16
17	6	22	13	27	17
18	7	23	14	28	18
19	8	24	15	29	19
20	9	25	16	30	20
21	10	26	17	1	21
22	11	27	18	2	22
23	12	28	19	3	23
24	13	29	20	4	24
25	14	30	21	5	25
26	15	1	22	6	26
27	16	2	23	7	27
28	17	3	24	8	28

Vertical column labels (printed sideways): **Pluviose.** (AN 13, col 1) — **Février.** (1805, col 2) — **Ventose.** / **Germ.** (AN 13, col 3) — **Mars.** (1805, col 4) — **Floréal.** (AN 13, col 5) — **Avril.** (1805, col 6).

AN 13.	1805.	AN 13.	1805.	AN 13.	1805.
9 *(Prairial.)*	29 *(Mai.)*	14 *(Messidor.)*	3 *(Juin.)*	19 *(Thermidor.)*	8
10	30	15	4	20	9
11	1 *(Juin.)*	16	5	21	10
12	2	17	6	22	11
13	3	18	7	23	12
14	4	19	8	24	13
15	5	20	9	25	14
16	6	21	10	26	15
17	7	22	11	27	16
18	8	23	12	28	17
19	9	24	13	29	18
20	10	25	14	30	19
21	11	26	15	1	20
22	12	27	16	2	21
23	13	28	17	3	22
24	14	29	18	4	23
25	15	30	19	5	24
26	16	1	20	6	25
27	17	2	21	7	26
28	18	3	22	8	27
29	19	4	23	9	28
30	20	5	24	10	29
1	21	6	25	11	30
2	22	7	26	12	31
3	23	8	27	13	1 *(Août.)*
4	24	9	28	14	2
5	25	10	29	15	3
6	26	11	30	16	4
7	27	12	1 *(Juillet.)*	17	5
8	28	13	2	18	6
9	29	14	3	19	7
10	30	15	4	20	8
11	31	16	5	21	9
12	1	17	6	22	10
13	2	18	7	23	11

AN 13.	1805.	AN 13.	1805.	AN 14.	1805.
Fructidor.	Septembre.	Vendémiaire an 14. J. compl.	Octobre.	Brumaire.	Novembre.
24	12	29	16	29	21
25	13	30	17	30	22
26	14	1	18	1	23
27	15	2	19	2	24
28	16	3	20	3	25
29	17	4	21	4	26
30	18	5	22	5	27
1	19	1	23	6	28
2	20	2	24	7	29
3	21	3	25	8	30
4	22	4	26	9	31
5	23	5	27	10	1
6	24	6	28	11	2
7	25	7	29	12	3
8	26	8	30	13	4
9	27	9	1	14	5
10	28	10	2	15	6
11	29	11	3	16	7
12	30	12	4	17	8
13	31	13	5	18	9
14	1	14	6	19	10
15	2	15	7	20	11
16	3	16	8	21	12
17	4	17	9	22	13
18	5	18	10	23	14
19	6	19	11	24	15
20	7	20	12	25	16
21	8	21	13	26	17
22	9	22	14	27	18
23	10	23	15	28	19
24	11	24	16	29	20
25	12	25	17	30	21
26	13	26	18	Frim. 1	22
27	14	27	19	2	23
28	15	28	20	3	24
				20	

AN 14.	1805.	AN 14.	1805.	AN 14.	1806.
4	25	27	18	20	10
5	26	28	19	21	11
6	27	29	20	22	12
7	28	30	21	23	13
8	29	1	22	24	14
9	30	2	23	25	15
10	1	3	24	26	16
11	2	4	25	27	17
12	3	5	26	28	18
13	4	6	27	29	19
14	5	7	28	30	20
15	6	8	29	1	21
16	7	9	30	2	22
17	8	10	31	3	23
18	9	11	1	4	24
19	10	12	2	5	25
20	11	13	3	6	26
21	12	14	4	7	27
22	13	15	5	8	28
23	14	16	6	9	29
24	15	17	7	10	30
25	16	18	8	11	31
26	17	19	9		

(Left 1805 column: Décembre. Middle AN 14 column: Nivose. Middle 1805 column: Janvier 1806. Right AN 14 column: Pluviose.)

(Le Calendrier républicain a été abrogé
le 11 Pluviose an 14).

SUPPLÉMENT.

An 14. 1806.

1 ventose ..20 février	1 messid ...20 juin ..
1 germin...22 mars..	1 thermid..20 juillet.
1 floréal ...21 avril..	1 fructid. ..19 août..
1 prairial ..21 mai...	5e. j. compl.22 sept..

An 15.   1806.
1 vendém. 23 sept...
1 brum. .. 23 octobr
1 frimaire. 22 novem.
1 nivose... 22 décem..

1807.
1 pluv.... 21 janv....
1 ventose. 20 fév....
1 germin.. 22 mars...
1 floréal... 21 avril..
1 prairial.. 21 mai...
1 messid... 20 juin...
1 thermid. 20 juillet.
1 fructid. . 19 août....
6e. j. com. 23 sept....

An 16.   1807.
1 vendém. 24 sept...
1 brum. ... 24 octobr.
1 frimaire. 23 novem.
1 nivose .. 23 décem.

1808.
1 pluviose. 22 janv....
1 ventose. 21 févr....
1 germin.. 22 mars. .
1 floréal ... 21 avril...
1 prairial.. 21 mai.....
1 messid. . 20 juin ...
1 thermid. 20 juillet..
1 fructid.. 19 août. ..
5e. j. com. 22 sept. ...

An 17.   1808.
1 vendém. 23 sept...
1 brum... 23 octobr.

1 frimaire. 22 novem.
1 nivose... 22 décem.

1809.
1 pluviose. 21 janv..
1 ventose . 20 févr...
1 germin.. 22 mars...
1 floréal... 21 avril..
1 prairial.. 21 mai.....
1 messid... 20 juin...
1 thermid. 20 juillet.
1 fructid. . 19 août...
5e. j. com. . 22 sept....

An 18.   1809..
1 vendém. 23 sept...
1 brum... 23 octobr.
1 frimaire. 22 novem.
1 nivose. .. 22 décem.

1810.
1 pluviose. 21 janv. .
1 ventose. 20 févr....
1 germin .. 22 mars...
1 floréal... 21 avril...
1 prairial.. 21 mai....
1 messid. .. 20 juin . .
1 thermid. 20 juillet.
1 fructid... 19 août ..
5e. j. com.. 22 sept....

An 19.   1810.
1 vendém.. 23 sept...
1 brum.... 23 octob..
1 frimaire. 22 nov...
1 nivose... 22 décem.

20..

An 19. 1811.	1 frimaire. 22 nov...
1 pluviose. 21 janv...	1 nivose... 22 décem.
1 ventose.. 20 févr. ..	
1 germin... 22 mars...	1813.
1 floréal .. 21 avril ..	1 pluviose. 21 janv...
1 prairial.. 21 mai ...	1 ventose.. 20 févr ...
1 messid .. 20 juin. ..	1 germin... 22 mars...
1 thermid. 20 juillet.	1 floréal. .. 21 avril...
1 fructid.. 29 août. .	1 prairial.. 21 mai ....
6e, j. com.. 23 sept. ..	1 messid... 20 juin. ..
An 20. 1811.	1 thermid. 20 juillet.
	1 fructid. . 19 août...
1 vendém.. 24 sept...	5e. j. com.. 22 sept. ..
1 brum ... 24 octobr.	
1 frim. ... 23 nov ...	*An* 22. 1813.
1 nivose . . 23 décem.	1 vendém. 23 sept. .
1812.	1 brumair. 23 octob.
	1 frimaire. 22 novem.
1 pluviose. 22 janv...	1 nivose. . 22 décem.
1 ventose. 21 févr ...	
1 germin. . 22 mars ..	1814.
1 floréal... 21 avril .	1 pluviose. 21 janv...
1 prairial.. 21 mai. ..	1 ventose.. 20 févr. ..
1 messid... 20 juin....	1 germin... 22 mars....
1 thermid. 20 juillet.	1 floréal .. 21 avril....
1 fructid... 19 août...	1 prairial.. 21 mai. ...
5e. j. com.. 22 sept...	1 messid. .. 20 juin. ..
An 21. 1812.	1 thermid. 20 juillet.
	1 fructid... 19 août...
1 vendém. 23 sept. ..	5e. j. com.. 22 sept. ..
1 brumair. 23 octobr.	

~~~~~~

Modèles de Pétitions, Promesses, Baux, Mémoires, Factures, Lettres de voitures, Billets à ordre, Lettres de change, Lettres de Commerce, etc., etc.

Pétition à Sa Majesté l'Empereur et Roi, par un militaire qui réclame une pension.

SIRE,

Trente années d'exercice, pendant lesquelles j'ai reçu un grand nombre de blessures pour le service de mon pays, dans divers combats où je me suis trouvé, appuyeront sans doute la réclamation que j'ose faire pour obtenir une pension militaire proportionnée à mes besoins. J'ai présenté mes papiers à son Excellence le ministre de la guerre, qui n'a pu jusqu'alors faire droit à ma demande, parce qu'il me manque encore quelques pièces que je ne puis retrouver. En conséquence, le suppliant a recours à V. M. I. et R. dans l'intime confiance qu'un soldat, couvert de blessures, ne sera pas privé de la récompense due à sa valeur, et que vous ordonnerez que, malgré le défaut de ces pièces, le ministre de la guerre déclarera que le suppliant sera admis à l'Hôtel Impérial des Invalides, ou qu'une pension
~~~~~~

lui sera payée à domicile. J'ose attendre cet acte de justice d'un prince géuéreux qui sait récompenser honorablement le soldat courageux qui verse son sang pour la défense de la patrie.

Présenté le 9 mai 1809.

Pétition à la Commission Sénatoriale de la liberté individuelle, pour obtenir son élargissement.

Paris , 2 février 1809.

NOSSEIGNEURS,

D'après un ordre émané de son Excellence le ministre de la police générale , dont mes ennemis ont sans doute surpris la religion , j'ai été arrêté et conduit dans la prison de   Je porte mes réclamations devant vous , et j'en appelle à votre justice et à votre humanité , et j'ose espérer de votre impartialité que vous voudrez bien vous faire rendre compte de ma conduite , et ordonner ma mise en liberté. Dans cette attente , j'ai l'honneur d'être de Nosseigneurs le très-humble et très-obéissant serviteur.

Pétition à son Excellence le Grand Juge Ministre de la Justice , pour accélérer le jugement d'un procès.

Depuis plus d'un an j'éprouve de la part du tribunal civil de Caen des remises de huitaine en huitaine d'une cause pendante devant les juges il y a déjà deux mois. Ces retards de jugement me sont très-préjudiciables. C'est pourquoi je porte mes justes plaintes auprès de votre Excellence , et la prie instamment de vouloir bien ordonner au commissaire impérial auprès cette cour, que, d'après son réquisitoire , ma cause soit définitivement appelée et jugée.

Salut et respect.

Pétition pour réduction du droit proportionnel de la patente, à M. le Conseiller d'état , Préfet du département de la Seine.

Le soussigné Thuriot, marchand à Paris, rue de la Harpe, n°. 33 , division du Théâtre Français, expose que , pour sa patente de 1807 , dont le droit fixe est de 100 francs , il vient d'être taxé par erreur , d'après une location de 700 f. , tandis que , vérification faite de la part de M. le Contrôleur du 11e. arrondissement , il a été reconnu qu'au moyen d'une sous-location de 150 f. au sieur Robinet , depuis le premier janvier dernier, lequel est compris au rôle personnel de ladite année, d'après cette location , le loyer de lui Thuriot n'étoit plus que de la somme de 550 fr. ; par conséquent que son droit proportionel ne devoit être que de 55 fr., et non de 70 fr. comme le porte l'avertissement. .

En conséqnence, il demande à M. le Conseiller-d'état-Préfet, d'être réduit pour son droit proportionnel sur le pied de 55o f. de location, déduction faite de la sous-location dont il vient d'être parlé.

Salut et respect.

THURIOT.

Pétition, pour obtenir une réduction de la contribution foncière, à M. le Conseiller-d'état-Préfet, etc.

Expose le soussigné qu'il est porté sur le rôle de la contribution foncière à la somme de 15oo fr. à cause de trois maisons dont il est propriétaire dans la commune de   que, depuis dix-huit mois, un grand nombre d'appartemens dans ces maisons n'ont point été loués.

En conséquence, il invite M. le Conseiller-d'état-Préfet de la Seine de vouloir bien prendre en considération cette non location, qui cause au propriétaire soussigné un dommage réel, et de vouloir bien ordonner une diminution dans la somme de 15oo fr. à laquelle il est taxé pour sa contribution foncière de l'année.....

Salut et respect,

PASCAL.

Promesse simple.

Je soussigné *Jacques* MAIRE reconnois devoir et promets payer à M. NOURTIER le

8 octobre prochain , la somme de *cinq cents francs* , valeur reçue comptant. Paris ce 8 janvier 1809.

Promesse solidaire.

Nous soussignés *Pascal* PREVOST , et *Georges* MOUTON , promettons payer solidairement le 9 septembre prochain, à M. LERIQUET , cultivateur à Limbœuf , la somme de *deux mille francs* , valeur reçue comptant. Mandeville , ce 8 mai 1809.

Promesse solidaire de deux époux.

Nous soussignés *Charles* JAPIOT , et *Félicité* DUBOIS , que j'autorise à l'effet des présentes, promettons payer solidairement à M. CORNU , le premier juin prochain , la somme de *quatre cents soixante-dix-huit francs* qu'il nous a prêtée cejourd'hui. Anvers , le 4 mars 1809.

Quittance d'ouvrier.

Je soussigné *Isidore* BAUDRY , journalier , reconnois avoir reçu de M. BONNEFOY , la somme de *dix-huit francs* pour travail chez lui fait pendant l'espace de six jours à raison de *trois francs* par jour. Isigny , le 8 février 1809.

Quittance d'une rente.

Je soussigné *Thomas* QUESNEL , reconnois avoir reçu de M. DELANGLE la somme de *trois cents francs* pour deux années d'arrérages de la rente qu'il me fait , échues le 1er. avril dernier. Bernay , le 4 juin 1809.

Quittance de loyer de maison.

Je soussigné *François* HAMEL reconnois
avoir reçu de M. MERCIER la somme de
huit cents francs pour le loyer d'une maison qu'il tient de moi, ledit loyer échu le premier juillet dernier. Evreux , le premier
août 1809.

Quittance de fermage.

Je soussigné *Thomas* PATUREL reconnois
avoir reçu de M. POLYCARPE AUBIN , cultivateur à Thomer , la somme de *deux cent
cinquante francs* , pour le prix de l'année
de ses fermages échue à la Saint-Michel
dernier.
Grossœuvre , le 5 décembre 1809.

Quittance d'acompte.

Je soussigné *Nicolas* HOURY reconnois
avoir reçu de M. HARENG , la somme de
soixante-quinze francs , pour acompte sur
un mémoire des marchandises que je lui
ai fournies dans le cours de l'année 1806.
Andely , le 27 février 1809.

Reconnoissance d'un dépôt.

Je soussigné *Alexandre* BRUNET déclare
et reconnois avoir reçu aujourd'hui en dé-
pôt de M. *Abraham* VALOGNES la somme
de *cinq cents francs,* que je promets lui
remettre à sa première réquisition, et en me
rendant la présente reconnoissance.
Caen, le 25 mars 1809.

Procuration pour donner à ferme.

Je soussigné *Pierre* MORISSET, propriétaire demeurant à Lagny, constitue pour
mon procureur *Jacques* MONTIER, cultivateur à Saint-Valery sur mer, département de
la Seine-Inférieure, auquel je donne par ces
présentes le pouvoir d'affermer et donner à
loyer les héritages qui m'appartiennent, sis
en la commune dudit Saint-Valery, consis-
tant en quarante-neuf hectares de terres labourables, au sieur *Thomas* NIVELIN fils, ou à
toute autre personne qu'il avisera bien, pour
tel temps, prix, charges et conditions qu'il
jugera à propos, de passer tous baux et tous
actes nécessaires, recevoir tous fermages,
donner quittance, poursuivre les débiteurs
qui refuseroient de payer, les faire saisir,
arrêter; donner main-levée s'il est besoin,
et faire généralement tout ce qu'il trouvera
bon et convenable.

Fait à Lagny, ce 28 juin 1809.

Bail d'une ferme.

Nous soussignés *Xavier* SEBIROT et *Eustache* ROUZÉE, sommes convenus de ce qui
suit :

Moi, *Xavier* SEBIROT, reconnois avoir
donné et donne par le présent à *Eustache*
ROUZÉE, à ce présent et acceptant, pour
neuf années consécutives, qui commence-
ront au 30 septembre 1809 et finiront à pa-
reil jour de l'année 1818, les héritages ci-
après désignés, situés à Cracouville, et con-

sistant en quarante-huit arpens de terres labourables , avec maison de fermier , écuries , pressoir , bergerie , etc.

(Il faut ici désigner chaque pièce en particulier, avec le triège auquel elle appartient , les diverses particuliers qui la bornent, etc.)

A la charge par le preneur de bien ensemencer et conserver les terres sans les dessaisonner , ni souffrir aucune entreprise de la part des voisins ou propriétaires aboutissans. — De faire toutes les réparations locatives aux bâtimens de la ferme, et de ne pouvoir rétrocéder sans la permission du bailleur ; en un mot , de maintenir en bon état tous les héritages désignés au présent.

Le présent Bail fait en outre moyennant la somme annuelle de deux mille francs , payables en quatre termes égaux de chacun cinq cents francs ; les premiers janvier, avril , juillet et octobre de chaque année, au paiement de laquelle somme de deux mille francs le preneur a obligé et oblige ses biens présens et à venir.

Fait double à Avrilly , le vingt-six juin 1809 , et ont signé les parties , après lecture faite.

SEBIROT.   ROUZÉE.

- *Mémoire*

Mémoire de divers articles d'épiceries fournis à M. Bié, par Berry, épicier à Amiens.

Le 15 mai 1807.

1 Pain de sucre, pesant 5 liv. à 42 s.	10 l.	10 s.	
2 livres de café Martinique en grain, à 3 liv. 5 s.	6	10	
Une livre et demie de poivre blanc, à 4 liv.	6		

Le 3 juin.

15 liv. de chandelle à 22 s.	16	10	
2 onces de cannelle, à 30 s.	3		
Une brique de savon, du poids de 5 liv. 8 onces, à 21 s.	5	15	6

TOTAL........ 48   5   6

Reçu comptant le montant du présent Mémoire pour solde. A Amiens le 15 juin 1809.

BERRY.

Mémoire de divers articles de serrurerie faits et fournis à M. Landon, par Laforge, serrurier, rue des Mauvaises-Paroles, à Paris.

Le 5 avril 1807.

Une serrure de sûreté pour la porte d'entrée de son appartement.	21 liv.
4 tringles de croisée pour le salon, à 3 l. 5 s.	13
Pour avoir fourni et posé deux sonnettes, l'une dans la chambre à coucher, l'autre dans la salle à manger.	12
TOTAL............	46 liv.

Reçu comptant le montant du Mémoire ci-dessus. Le 15 mai 1809.

Mémoire du linge que l'on donne à blanchir.

Du 7 août 1809.

6 paires de draps à 10 s.	3 l.		s.
8 chemises d'homme garnies, à 5 s.	2		
5 *idem*, de femme, à 4 s.	1		
20 serviettes, à 1 s. 6 d.	1	10	s.
6 nappes et napperons, à 6 s.	1	16	
4 tabliers de cuisine, à 2 s.		8	
TOTAL...............	9	14	

Lettre de Voiture.

A Paris , le 15 mai 1809.

A la garde de Dieu et conduite de *Pierre Lamy* , voiturier à Versailles.

L. F. N.° 5.

Marseille.

Je vous envoie *une balle en toile et cordée* , contenant des draps et rien autre chose , marquée comme en marge, *pesant cent quatre-vingt-quinze livres*, *poids de marc* , l'ayant reçue bien conditionnée , en *dix-huit jours* , à peine de perdre le tiers du prix de sa voiture que vous lui payerez , à raison de *quinze livres tournois* du cent pesant, poids de marc , et lui rembourserez un franc vingt-cinq centimes pour papier et timbre.

Nota. Le voiturier n'est pas responsable de la rupture des glaces , ni des choses fragiles , tant que les caisses , malles ou paniers ne sont point endommagés.

A Monsieur Lefort , Négociant près le port , à Marseille.

Votre dévoué serviteur;
OURY.

Billets à ordre.

Au trente octobre prochain, je paierai à **M. LEBLOND** ou ordre , la somme
de six cents francs , valeur reçue en marchandises. A Paris, le 1ᵉʳ. juin 1809.

HUET.

B. P. 6oo fr.

A deux usances je paierai à **M. QUERSENT** , ou ordre, la somme de quatre
cent cinquante francs , valeur reçue comptant. Lyon , le 15 septembre 1809.

LALLIET.

B. P. 45o fr.

Mandat.

Marseille , le 20 juin 1809.   *B. P. 5oo fr.*

A cinq jours de vue , nous vous prions de payer contre le présent mandat,
à **M. TOURNACHOT** , la somme de cinq cents francs, de laquelle nous vous tien-
drons compte à la première occasion ; vous nous obligerez , et nous vous prions
de nous croire.   Vos dévoués serviteurs

A Messieurs   LECOMTE et LALLEMANT
Girard frères , banquiers , rue Vivienne , à Paris.

N. B. Jadis, à Paris, les billets, valeur en marchandises, qui n'étoient pas stipulés à jour fixe, portoient trente jours de grace; ceux qui étoient valeur reçue comptant, sans désignation de jour fixe, portoient dix jours de grace, et tous ceux stipulés à jour fixe étoient payés le jour de leur échéance. Les lettres de change qui portoient le mot fixe, étoient payées aussi le jour de leur échéance, et toutes celles qui ne le portoient point avoient dix jours de grace. Toutes les provinces de France avoient aussi leurs usages particuliers; aujourd'hui Paris et toutes les villes de France sont soumises au nouveau Code de commerce. Il n'est plus nécessaire d'employer le mot *fixe* dans les billets et lettres de change, parce qu'ils sont tous exigibles le jour de leur échéance. Il faut, dans le cas de refus de paiement, que le protêt soit fait dans les vingt-quatre heures de l'échéance, sans quoi l'on n'auroit pas de recours contre les endosseurs. Il suffit que le protêt soit dénoncé aux endosseurs qui habitent la même ville que le porteur dans les quinze jours qui suivent l'échéance, et l'on a un jour en sus par dix lieues de distance.

Le mot usance signifie trente jours, ainsi deux usances font soixante jours.

Première Lettre de Change.

PREMIÈRE.   *A Rouen , le 12 janvier 1809. B. P.* 1200 *fr.*
A vue , il vous plaira payer par cette première de change ; à M. Leduc , ou
ordre , la somme de douze cents francs, valeur reçue comptant , que vous pas-
serez en compte , suivant l'avis de
   A Monsieur   Votre dévoué s.ʳ
Ledoux , négociant ,   BELLIARD.
   A Dijon.

Seconde.

SECONDE.   *A Rouen., le 12 janvier 1809, B. P.* 1200 *fr.*
A vue , il vous plaira payer par cette seconde de change (la première ne
l'étant) à M. Leduc , ou ordre , la somme de douze cents francs, valeur reçue
comptant , que vous passerez en compte , suivant l'avis de
   A Monsieur   Votre dévoué s.ʳ
Ledoux , négociant ,   BELLIARD.
   A Dijon.
N. B. Pour plus de sûreté il est toujours bon de faire accepter les lettres de
change par les personnes sur qui elles sont tirées.

Lettre d'avis de l'expédition de marchandises.

M.   Elbeuf le 18 mai 1809.

J'ai l'honneur de vous prévenir que je vous ai expédié hier par voie de roulier, une balle en toile et cordée, marquée *L. G.* n°. 4, Orléans;

Dans laquelle sont contenues les marchandises qui sont désignés dans la facture ci-jointe.

Aussi-tôt que vous l'aurez reçue, vous voudrez bien m'en faire passer le réglement en vos deux billets à trois et quatre mois de terme, comme nous en sommes convenus.

J'ai l'honneur de vous saluer.

MERANDON.

Facture.

Doit M. LEGRAS, marchand de draps à Orléans, à MERANDON, fabricant à Elbeuf, les marchandises suivantes expédiées comme il est dit ci-dessus.

Une demi-pièce de drap superfin,
   bleu de roi, portant 13 aunes,
   à 50 fr. 650 fr.
Une id. de 12 aunes, vert-dragon,
   à 48 fr. 576
Une id. de 13 aunes, gris de fer, à
   42 fr. 546
Une id. de 10 aunes, aile de mouche,
   à 40 fr. 400
                      ———
   TOTAL. . . . . 2172 fr.

Lettre pour accuser la réception de marchandises.

M.   Orléans, le 12 juin 1809.

La présente est pour vous accuser la réception de la balle que vous m'avez expédiée, contenant quatre demi-pièces de drap, montant ensemble à la somme de 2172 fr., comme il est désigné dans votre facture, jointe à votre lettre en date du 18 du mois dernier.

Vous trouverez ci-joint mes deux billets à trois et à quatre mois de terme pour solde, ainsi qu'il a été convenu.

J'ai l'honneur de vous saluer.

LEGRAS.

Lettrre à ses père et mère au renouvellement de l'année.

Mon cher père et ma chère mère.

L'époque du renouvellement de l'année me rappelle un devoir bien cher à mon cœur, celui de vous réitérer les sentimens d'affection, d'estime, d'amitié et de reconnoissance qu'un fils doit aux auteurs de ses jours. Dans tous les temps je remplis avec une pleine et entière satisfaction une tâche si agréable aux enfans tendres et respectueux ; mais l'usage exige que, le premier jour de chaque année, ils renouvellent aux pieds de leurs parens les sentimens que la nature leur inspire. Recevez donc, mon cher père et ma chère mère, les souhaits que je fais pour votre prospérité et pour votre bonheur. Je lève chaque matin vers le ciel des mains suppliantes, pour le prier de conserver des jours si utiles et si chers. Si la Providence exauce mes vœux, vous vivrez long-temps heureux et tranquilles, aimés de vos enfans, chéris de vos voisins, estimés de tout le monde, et personne ne sera jaloux de votre félicité, parce que dans tous les temps, tous ceux qui vous entourent chercheront toujours à la maintenir aux dépens de leurs jours, et en faisant même le sacrifice de leur satisfaction et de leurs propres plaisirs.

C'est dans ces sentimens vraiment sincères que j'ai l'honneur d'être, avec l'affection la plus tendre,

Mon cher père et ma chère mere,

Le plus respectueux de vos enfans,

ABEL.

Lettre d'un fils à son père, pour le jour de sa fête.

Mon cher père,

C'est avec un bien grand plaisir que je vois arriver le jour de votre fête. Elle me fournit une nouvelle occasion de pouvoir vous écrire et de vous témoigner tous les sentimens tendres qu'un fils ressent pour un bon père. Vous rappelez par vos actions toutes

les vertus qui ont honoré votre illustre pa-
tron ; vous êtes , comme lui , toujours prêt
à rendre service à vos semblables , ami de la
saine morale et des principes austères de la
sagesse. Comme lui , vous êtes chéri de vos
amis , respecté de vos voisins , recherché
par tous ceux qui vous connoissent. Il est
glorieux pour votre fils , en vous compli-
mentant le jour de votre fête , de n'avoir
qu'à vous féliciter de vos bonnes actions , et
de retrouver en vous la fidèle image de ces
hommes vertueux que la religion nous pro-
pose comme des modèles à suivre et des
exemples à imiter. Puisse le Ciel me conserver long-temps une tête aussi chère , et
répandre continuellement sur vous ses plus
amples bénédictions.

C'est dans ces sentimens affectueux que
j'ai l'honneur d'être ,

Mon cher père;

Votre fils respectueux;

Joseph.

Lettre de reconnoissance pour un ser-vice rendu.

Comment pourrai-je vous exprimer la parfaite reconnoissance que j'ai pour toutes les
bontés dont vous m'accablez tous les jours?
Vous ne vous êtes pas contenté de me rendre un service lorsque je vous en ai prié ;
vous m'avez prévenu dans mes demandes ,
et vous avez été au devant de tout ce que je
pouvois souhaiter ; aujourd'hui même vous

venez de me donner la marque la plus sensible de l'intérêt que vous me portez. Cependant, au milieu de mon bonheur, ma satisfaction n'est pas entière, parce que je vous dois trop, et que je me trouve dans l'impuissance de pouvoir rien faire qui puisse entrer en comparaison avec le moindre de vos bienfaits. Je me trouverois au comble de mes vœux, si je pouvois un jour vous prouver mieux que je ne puis aujourd'hui combien je suis sensible et reconnoissant de toutes vos marques d'attachement et de bienveillance.

Je suis avec une pleine reconnoissance,
Votre, etc.

Réponse.

Le plaisir de vous obliger est si grand pour moi, qu'il porte sa récompense avec lui, et je ne connois personne qui n'eût fait avec joie ce que j'ai fait. Vos remercîmens valent mieux que le petit service que je vous ai rendu : je m'estime heureux d'avoir pu vous obliger dans cette occasion. Je voudrois de tout mon cœur pouvoir vous prouver, par un service plus considérable, le plaisir que j'aurai toujours de vous être utile.

Remercîment pour une sortie de prison.

Le premier moment de ma liberté ne peut mieux être employé qu'à vous remercier très-humblement de me l'avoir procurée. Le zèle que vous avez mis dans vos sollicitations augmente encore le prix du bienfait. S'intéresser à la fortune d'un malheureux, seulement parce qu'il est opprimé ! c'est le comble de la générosité. Soyez persuadé que je n'oublierai rien pour me conserver l'avantage de votre protection ; et s'il me reste encore quelque chose à souhaiter, c'est d'avoir l'honneur de vous assurer moi-même de mon profond respect, et de la reconnoissance éternelle avec laquelle j'ai l'honneur d'être.

Votre très-humble, etc.

Lettre d'excuse d'une faute commise.

Si l'aveu de ma faute peut la faire oublier, j'ose espérer de votre bonté que vous me la pardonnerez. Il est vrai que j'ai manqué au respect que je vous devois. Vous savez que nos premiers mouvemens sont si précipités dans leur violence, qu'ils ne prennent loi que d'eux-mêmes au mépris de la raison ; ce qui doit vous faire considérer, dans la faute que j'ai commise, que la nature y a plus contribué que ma volonté. Si je n'ai pu l'éviter, je sais au moins m'en repentir. Je vous supplie d'effacer de votre mémoire le chagrin que je vous ai causé, de me rendre vos bonnes graces, et de croire que je ne vous ferai point repentir de votre indulgence.

J'ai l'honneur d'être, etc.

Billet d'un ami sur la perte d'un procès.

Je viens d'apprendre, avec une sensible douleur, la perte de votre procès. Ce coup est

est rude , mais combien plus le seroit-il pour un autre ? Vous avez si peu d'attachement pour tous les biens de la vie , que vous ne sentirez , dans cette perte , que le chagrin de voir la justice mal administrée. Pour moi , quelque plaisir que j'aie de vous imiter dans votre détachement pour toutes choses, je ne puis m'empêcher de me récrier contre l'injustice de l'arrêt qui vous condamne. Quelque part que je prenne dans ce qui vous touche , il ne m'est pas permis de vous le témoigner, puisqu'on m'apprend que vous êtes aussi tranquille , que s'il ne vous étoit rien arrivé. Espérons que la Providence vous dédommagera de cette perte ; c'est ce que désire celui qui a l'honneur d'être, etc.

Réponse.

Je vous suis obligé de prendre si généreusement part à ce qui me touche ; vous adoucissez l'amertume de ma situation : je compte n'avoir rien perdu , puisque je possède toujours votre affection. Vous me donnez des louanges dont je suis confus. Faites naître , je vous prie , quelque occasion de vous marquer ma parfaite reconnoissance , et vous verrez que je suis véritablement ,

Votre , etc.

Lettre de félicitation.

Votre promotion à la charge que vous souhaitiez il y a long-temps me rend si satisfait , que je ne saurois vous exprimer qu'une partie de la joie que j'en ressens. Vous devez croire que j'ai été bien sensible aux nouvelles du bonheur qui vous est arrivé. Cependant, comme votre mérite me l'a fait prévoir depuis long-temps, je n'ai pas été surpris au récit qu'on m'en a fait. Je vous en souhaite un plus grand encore, ne pouvant m'acquitter que par des vœux auprès de vous ; et dans l'impuissance où je me trouve, je vous prie de croire que je suis véritablement,   Votre, etc.

Réponse.

Les nouvelles preuves que vous me donnez de votre amitié, en me félicitant sur ma bonne fortune, m'ont beaucoup plus satisfait qu'elle-même. Vous me touchez en un endroit si sensible, en mêlant mes intérêts avec les vôtres, que je ne perdrai jamais le souvenir de cette faveur. Je souhaite que l'occasion se présente de vous donner des preuves de mon amitié et de ma reconnoissance,   Votre, etc.

Lettre de recommandation à un ami pour un autre.

Votre mérite et votre condition vous donnent un si grand crédit et vous rendent si nécessaire, que vos amis sont toujours en état de vous importuner. C'est ce que je fais aujourd'hui pour la personne porteur de la présente, vous suppliant de l'appuyer de votre crédit dans une affaire qui la touche et dont elle vous entretiendra. Je mettrai au nombre des obligations que je vous ai, celle qu'elle vous aura. Agréez , s'il vous plaît , le respectueux attachement avec lequel je suis ,   Votre , etc.

A une dame , sur la mort de son époux.

S'il existe une douleur raisonnable au monde, c'est sans doute la vôtre. Vous venez de perdre un époux qui faisoit votre bonheur. J'avoue que la consolation n'entre pas volontiers dans le cœur d'une tendre épouse ; votre douleur est encore trop vive pour pouvoir écouter sitôt la voix de la raison. Mais je vous conjure de ne pas vous abandonner au chagrin avec excès, et de vous souvenir que vous vous devez à vos amis et à vos enfans.

Puisque vos larmes ne peuvent vous rendre celui que vous regrettez, faites alors un généreux sacrifice au ciel. Recevez cette disgrace comme une faveur et une occasion qu'il vous présente de lui témoigner votre soumission. Ce sacrifice lui sera d'autant plus agréable , que la perte vous est plus sensible. Soyez persuadée que j'entre plus que personne dans votre peine, et que je partage tous vos regrets.

                              Votre , etc.

F I N.

TABLE

(257)

Fin de la Table.

De l'Imprimerie de P. N. ROUGERON,
rue de l'Hirondelle, n.º 22.

NOTICE

De quelques Livres de fonds qui se trouvent chez le même Libraire.

Cours complet d'Education , à l'usage des deux sexes , par M. Wandelaincourt , 7 gros vol. in-12 ornés de 21 planches en taille-douce , représentant plus de 60 sujets. Prix, 21 fr. fig. en noir. Les mêmes, fig. coloriées , 24 fr. Ce cours contient les parties suivantes , qui se vendent aussi séparément.

Pour le premier Age.

1°. Grammaire Française, ou Méthode facile pour apprendre à écrire , à lire et à orthographier , in-12. Prix.   80 c.

2°. Guide des Enfans , ou Entretien d'un Enfant avec sa Mère , sur les moyens de vivre heureux et content , in-12.   80 c.

3°. Abrégé d'Histoire Naturelle , avec 4 Planch., représentant plus de vingt Animaux , in-12.   1 fr. 20 c.

4°. Histoire des Arts mécaniques, in-12. 80 c.

5°. Elémens d'Arithmétique ancienne et décimale , in-12.   1 fr. 20 c.

6°. Abrégé de l'Hist. de France , 1 fr. 20 c.

7°. Géographie , ou Entretiens d'une Mère avec son Enfant sur la Connoissance du Globe, in-12 ; 2°. édition, revue et corrigée avec soin.   1 fr. 50 c.

Pour le second Age.

1°. Grammaire, contenant les Principes de la Langue Française , démontrés d'une manière plus simple et plus méthodique qu'ils ne l'ont été dans les Grammaires qui ont paru jusqu'à ce jour , in-12.
2 fr. 25 c.

2°. La Logique , ou l'Art de bien diriger ses idées , in-12.
1 fr. 20 c.

3°. Exposition des principaux Phénomènes de la Nature , in-12.
2 fr. 25 c.

4°. Elémens de Mythologie , 1 vol. in-12 orné de 29 figures.
2 fr.

5°. Abrégé de l'Histoire générale , 2 gros vol. in-12.
5 fr. 50 c.

Principes de Littérature et de Belles-Lettres à l'usage de la Jeunesse , 1 fort vol. in-12.
2 fr. 50 c.

Cours de Latinité, par le même auteur.

1°. Méthode Latine , où l'on réduit à sept questions toutes les Règles nécessaires pour apprendre promptement les vrais Principes de cette Langue ; *cinquième édition, la seule qui ait été revue et entièrement refondue par l'auteur,* 1 vol. in-12 relié en carton.
1 fr. 20 c.

2°. Particules Latines , pour servir de suite à la Méthode ; 3°. *édition, la seule qui ait été revue et entièrement refondue par l'auteur,* in-12.
1 fr.

3°. Traduction Interlinéaire , et mot-àmot, des deux premiers Livres de l'Histoire Ancienne de Justin, in-12.   1 fr.

4°. Fables de Phèdre, avec la Construction du Latin et une Interprétation française littérale, in-12.   1 fr. 75 c.

Cours d'Education Religieuse, par le même.

1°. Entretiens d'une Mère avec son Enfant, sur les Devoirs de l'homme sociable et du Chrétien, 1 vol. in-12, 2.ᵉ éd. 1 fr. 50 c.

2°. L'Ami des Mœurs, de l'Etat et de la Religion, avec cette Epigraphe : *Point de vertu sans Religion, point de bonheur sans vertu*, 3 vol. in-12, 2.ᵉ éd. 6 fr.

BIBLIOTHÈQUE PORTATIVE, pour l'Instruction et l'Amusement de la Jeunesse des deux Sexes, trad. de l'Anglais, 10 vol. in-18 ornés de fig.   10 fr.

On vend séparément les Parties qui la composent, comme il suit :

1° Contes de Famille, ou les Soirées de ma Grand'Mère, traduites de l'Anglais par Louis, 2 vol. in-18 ornés d'une jolie gravure. Prix pour Paris,   2 fr.

2°. Contes de l'Hermitage, trad. de l'Anglais par Bizet, 2 vol. in-18 ornés d'une gravure.   2 fr.

3°. Contes du Château, ou la Famille émigrée, trad. de l'Anglais par Louis, 2 vol. in-18 ornés d'une jolie gravure.   2 fr.

4°. Contes de la Chaumière , traduits de l'Anglais par le même, 2 vol. in-18 , avec une jolie gravure.   2 fr.

5°. Les Veillées de la Pension , traduites de l'Anglais par le même, 2 vol. in-18 , avec une gravure.   2 fr.

———————————————————————

Les Délassemens de l'Adolescence , Ouvrage propre à inspirer l'amour de la Vertu aux jeunes personnes des deux Sexes ; avec cette épigraphe : *Et moi aussi, je veux qu'ils m'appellent leur ami*, 1 vol. in-18.   1 fr. 20 c.

Élémens de la Grammaire Française , par Lhomond ; Ouvrage adopté par la Commission de l'Instruction Publique, pour les Lycées et les Ecoles Secondaires ; nouvelle et jolie édition , 1 vol. in-12 relié en parchemin.   90 c.

Élémens de la Grammaire Latine , par le même auteur , également adoptée par la Commission de l'Instruction Publique , pour l'usage des Lycées , etc. 1 vol. in-12 relié en parchemin.   1 f. 20 c.

Manuel de la Bonne Compagnie , ou l'Ami de la Politesse , des Egards , du bon Ton et de la Bienséance , dédié à la Société Française et à la Jeunesse des deux Sexes, 1 vol. in-18 orné d'une jolie gravure , 2.ᵉ édit. revue , corrigée et augmentée. Prix pour Paris ,   1 fr. 25 c.

(264)

Manuel des Jardiniers, ou Guide des Travaux à faire dans les Jardins pendant le cours de l'année ; contenant la Culture, tant sur couches qu'en pleine terre, de tous les Légumes connus, celle des Arbres Fruitiers ; la Manière de les tailler, conduire et greffer ; celle des Arbrisseaux et des fleurs qui peuvent orner un parterre, et composer l'Orangerie d'un curieux ; par un Amateur : Ouvrage indispensable aux Personnes qui cultivent ou qui veillent à la Culture de leurs Jardins, pour en bien diriger les Travaux, 1 vol. in-18 de 400 pages bien imprimé sur beau papier.   2 fr.

Manuel de la Cuisinière Bourgeoise, contenant :

1°. La manière de servir une Table avec goût et d'apprêter toutes sortes de Viandes, Poissons, Légumes et autres Alimens ;

2°. Ce qui regarde la Pâtisserie et l'Office ;

3°. Plusieurs Recettes pour faire des Confitures et Liqueurs ; 1 vol. in-18 de 360 pages, bien imprimé sur beau papier.
                                    1 fr. 75 c.

Manuel de Médecine et de Chirurgie domestique, contenant un choix des remèdes les plus simples et les plus efficaces pour la guérison de toutes les maladies internes qui affligent le corps humain ; avec la manière de les administrer soi-même et le régime à observer dans les diverses incommodités qui surviennent dans le cours ordinaire de la vie, 1 vol. in-18 de 378 pag.
                                    2 fr.